博碩文化

博碩文化

博碩文化

Redmine
專案管理無痛攻略

70 個問題集 × 專屬教學影片，從入門到精通一本全搞定！

楊孟真 (Sylv!a) 著

專屬影片讓你精通Redmine！

從基礎到進階，全面提升專案效率！

快速上手	自由訂製	案例學習	高效應用
新手友好的操作步驟 讓你馬上成為專家	根據需求自定義欄位 專案管理更具彈性	透過實戰案例的展示 掌握每個關鍵技能	個人專案或團隊協作 管理都能得心應手

2023
iThome鐵人賽
優選

iThome
鐵人賽

作　　者：楊孟真 (Sylv!a)
責任編輯：魏聲圩

董 事 長：曾梓翔
總 編 輯：陳錦輝

出　　版：博碩文化股份有限公司
地　　址：221 新北市汐止區新台五路一段 112 號 10 樓 A 棟
　　　　　電話 (02) 2696-2869　傳真 (02) 2696-2867

發　　行：博碩文化股份有限公司
郵撥帳號：17484299　戶名：博碩文化股份有限公司
博碩網站：http://www.drmaster.com.tw
讀者服務信箱：dr26962869@gmail.com
訂購服務專線：(02) 2696-2869 分機 238、519
（週一至週五 09:30 ～ 12:00；13:30 ～ 17:00）

版　　次：2024 年 9 月初版一刷

本書如有破損或裝訂錯誤，請寄回本公司更換

建議零售價：新台幣 650 元
I S B N：978-626-333-969-9
律師顧問：鳴權法律事務所 陳曉鳴律師

國家圖書館出版品預行編目資料

Redmine 專案管理無痛攻略：70 個問題集 x 專
屬教學影片, 從入門到精通一本全搞定!/ 楊孟真
(Sylv!a) 著 . -- 初版 . -- 新北市：博碩文化股份有
限公司 , 2024.09
　　面；　公分 . -- (iThome 鐵人賽系列書)

ISBN 978-626-333-969-9 (平裝)

1.CST: 專案管理 2.CST: 管理資訊系統

494.029　　　　　　　　　　　　　　113013721
Printed in Taiwan

歡迎團體訂購，另有優惠，請洽服務專線
博碩粉絲團　(02) 2696-2869 分機 238、519

推薦序

Lorsque j'ai créé Redmine en 2006, je n'imaginais pas l'impact qu'il aurait à travers le monde. Ce qui a commencé comme un projet personnel destiné à combler un besoin spécifique s'est transformé en un outil adopté par des entreprises, des organisations et des équipes variées sur tous les continents. Redmine est désormais un logiciel utilisé par des gestionnaires de projet et des équipes de toutes tailles pour suivre et réussir leurs projets ou plus largement pour organiser leur activité.

L'idée derrière Redmine est née d'un constat simple : il manquait sur le marché des outils de gestion de projet capables de s'adapter aux besoins spécifiques de chaque équipe. À l'époque, il existait des outils commerciaux, souvent trop rigides, ou des solutions open-source, mais avec des fonctionnalités limitées et souvent peu personnalisables facilement.

Je voulais un outil qui soit accessible à tous, quel que soit le type de projet ou la façon dont l'équipe travaille. C'est ainsi qu'est né Redmine, avec une approche privilégiant les possibilités de configuration, et l'objectif de pouvoir personnaliser facilement chaque fonctionnalité selon les besoins, sans compétence technique particulière et directement au travers de l'interface de l'outil. Dès le départ, il m'a semblé essentiel que Redmine soit distribué en open-source et en licence libre GPL, pour permettre aux utilisateurs de l'adopter et l'adapter facilement, et pour encourager une communauté à se former autour du projet. Et cela a fonctionné bien au-delà de mes espérances.

Au fil des années, la communauté a grandi, et Redmine a évolué grâce aux contributions et aux retours de cette communauté. Aujourd'hui, ce n'est pas seulement un outil de gestion de projet : c'est une plateforme collaborative qui aide les équipes à mieux communiquer, à mieux organiser leur travail, et à rester concentrées sur leurs objectifs. Grâce à une communauté de développeurs passionnés, Redmine continue de s'enrichir de nouvelles fonctionnalités et d'améliorations, tout en maintenant sa robustesse et sa simplicité d'utilisation.

En tant que créateur de Redmine, je suis souvent interrogé sur ma vision pour l'avenir du logiciel. Ma réponse est simple : je souhaite que Redmine continue à évoluer tout en restant fidèle à ses valeurs fondamentales. Avec l'essor du travail à distance et la nécessité croissante d'une collaboration plus fluide entre équipes, Redmine est plus pertinent que jamais.

L'un des axes d'amélioration est la simplification continue de l'interface utilisateur tout en préservant la richesse fonctionnelle de l'outil. Je souhaite également que Redmine renforce sa modularité et continue à s'intégrer avec d'autres outils populaires, afin de s'assurer que les équipes puissent facilement l'intégrer dans leur environnement numérique. Un autre aspect essentiel pour l'avenir de Redmine est de rester à l'écoute de la communauté. Les utilisateurs ont toujours été au cœur de son développement, et c'est en restant en phase avec leurs besoins que Redmine pourra s'adapter aux besoins émergents.

Je suis particulièrement heureux de voir la publication de ce livre dédié à Redmine, qui montre à quel point Redmine a su s'intégrer dans des contextes culturels et professionnels variés. Ce guide, avec ses études de cas pratiques et ses tutoriels vidéos exclusifs, est une ressource précieuse pour tous ceux qui souhaitent apprendre et maîtriser Redmine, qu'ils soient débutants ou déjà familiers avec l'outil.

J'espère que ce livre vous inspirera et vous aidera à exploiter tout le potentiel de Redmine, et qu'il devienne un compagnon de route dans votre parcours de gestion de projet, tout comme Redmine l'a été pour de nombreuses équipes à travers le monde.

Je tiens à remercier Sylvia pour cette initiative et pour la qualité du travail qu'elle vous livre. Je tiens également à remercier tous les développeurs qui sont contribué au logiciel depuis 2006 ainsi que toute la communauté Redmine. Ils ont permis de faire de Redmine un outil puissant et polyvalent.

Bonne lecture !

Jean-Philippe Lang

當我在 2006 年建立 Redmine 時，從未想過它會在全球範圍內產生如此深遠的影響。最初只是一個為解決特定需求而誕生的個人專案，後來轉變為被各大企業、組織和團隊廣泛採用的工具，遍布世界各大洲。Redmine 現在已成為專案經理和各種規模團隊用來跟蹤並成功完成專案，甚至是管理整體業務的重要軟體。

Redmine 的誕生源自一個簡單的觀察：當時市場上缺乏能夠根據不同團隊需求進行靈活調整的專案管理工具。那時，市面上有一些商業工具，但它們往往過於僵化；或是也有其他開源方案，但通常功能有限並且難以進行個性化設定。

我希望創造一個適合所有人使用的工具，不論是什麼類型的專案或團隊的工作方式。因此，Redmine 應運而生，其設計理念就是強調可設定性，並且目標是讓每個功能都能輕鬆地根據需求進行自訂，使用者無需具備特殊的技術技能即可透過工具的介面進行操作。自始至終，我認為 Redmine 應以開源和 GPL 授權方式發布，讓使用者能夠自由採用並修改它，同時也鼓勵社群在這個專案周圍逐漸形成。事實證明，這個理念遠遠超出了我的預期。

多年來，Redmine 的社群不斷壯大，並且透過社群的貢獻和意見反應，Redmine 持續進化。今天，Redmine 不僅僅是專案管理工具，它更是一個協同運作平台，幫助團隊更好地溝通、組織工作，並集中精力實作目標。在熱情的開發者社群支援下，Redmine 持續新增新功能和改進，同時保持其穩定性和易用性。

作為 Redmine 的建立者，我經常被問及對這款軟體未來的展望，我的回答其實很簡單：我希望 Redmine 在保持其核心價值觀的同時，不斷

持續的發展。畢竟隨著遠距工作不斷興起，以及團隊之間更加順暢協同運作的需求日益增加，我相信 Redmine 的重要性會比以往任何時候都更為突出。

其中一個改進方向是持續簡化使用者介面，同時保留其豐富的功能性。我也希望 Redmine 能進一步加強其模組化，並與其他流行工具持續整合，確保團隊能夠輕鬆將它納入其數位工作環境中。另一個至關重要的方向是持續傾聽社群的聲音。使用者始終是 Redmine 發展的核心，只有不斷了解他們的需求，Redmine 才能適應不斷變化的新興需求。

我特別高興看到這本專門為 Redmine 撰寫的書出版，這顯示出 Redmine 已成功融入不同的文化和專業環境。這本指南結合了實戰案例和獨家教學影片，對於所有想學習並精通 Redmine 的人來說，無論是初學者還是已有使用經驗的讀者，都是一個非常寶貴的資源。

我希望這本書能啟發您，並幫助您充分發揮 Redmine 的潛力，讓它成為您在專案管理旅程中的得力助手，正如它對全球許多團隊所做的一樣。

最後，我要感謝 Sylvia 為 Redmine 這本書所發起的撰寫計畫，並感謝她為此投入的心血與努力。同時，我也要感謝自 2006 年以來所有為這款軟體做出貢獻的開發者，以及整個 Redmine 社群。正是他們的努力，讓 Redmine 成為一個強大且多功能的工具。

祝您閱讀愉快！

——Redmine 創始開發者 Jean-Philippe Lang

推薦序

在當今複雜的工作環境中，專案管理對於團隊協作的成功至關重要。無論是軟體開發、產品設計還是業務流程優化，選擇一個適合的專案管理工具能夠顯著提升團隊的效率和協作效果。

在不考慮成本的前提下，我們主要關心的是專案管理軟體是否易於使用、功能是否全面、操作是否流暢。然而，正如作者所提到的，大多數現實情境下完全不考慮成本幾乎是不可能的。因此，如何為團隊找到一款高性價比的專案管理軟體成為了一個重要議題。

除了成本考量外，對於一款軟體的評估也必須基於對該軟體的深入了解。比如，工程師在選擇前端框架時，是選擇 jQuery 還是 React.js、Vue.js、Angular.js？如果對這些技術掌握不夠深入，可能會做出錯誤的決策。同樣地，選擇 MongoDB 還是 MySQL DB，也需要對這兩者的功能和差異有充分了解。因此，在導入專案管理系統時，這一點也不能忽視。

《Redmine 專案管理無痛攻略》這本書中，提供了一個全面而深入的 Redmine 介紹。書中的編排非常用心，作者巧妙地運用了「70 個問題」這一方式來引導讀者了解 Redmine 的使用。這種基於問題的引導方式，符合我們直觀的思考習慣，使得當書中的問題與我們心中實際的疑問對應時，我們不禁會感嘆：「這就是我需要的！」

此外，書中安排的「小試身手案例實作」專欄，也讓我印象深刻。這些實際案例不僅補充了功能介紹，還幫助讀者在具體情境中理解如何使用 Redmine。這樣的安排避免了「這個功能很好，但我在什麼情境下會需要它？」的困境。

與一般平鋪直敘的使用手冊不同，作者在書中融入了自己豐富的經驗，並以圖文並茂的方式呈現，使內容更加易於理解。我相信，即使是對 Redmine 完全陌生的讀者，也能透過這些圖文說明迅速掌握這套系統的功能及其應用場景。這對於評估一款軟體是否適合團隊來說，提供了極為重要的資訊。

感謝 Sylv!a 詳細整理了 Redmine 的各項功能，並幫助我們理解在不同情境下如何運用這些功能。她的用心程度無疑讓這本書成為了選擇專案管理軟體時的一個寶貴資源。我真心推薦這本書給所有正在評估是否採用 Redmine 的讀者，以及正在使用 Redmine 卻不太知道如何使用它的讀者。我相信，透過這本書的指導，您能夠更精確地進行團隊內部的軟體採用評估。

—— 《哎呀！不小心刻了一套 React UI 元件庫》作者 陳泰銘 (Taiming)

推薦序

如果公司考慮導入 Redmine 作為專案管理系統，而你剛好是這項任務的負責人，我強烈建議你從這本書開始入門。

本書涵蓋了從安裝到專案執行的所有階段，透過豐富的案例解析，讓讀者迅速掌握 Redmine 的核心邏輯，擺脫新手階段的困惑。

它就像一張專屬於 Redmine 的「快速通關地圖」，帶領讀者在實作中快速上手，省去不必要的摸索時間。

無論你是 Redmine 的初學者，還是經驗豐富的使用者，都能從中找到應對不同專案需求的靈活策略，輕鬆運用 Redmine，讓專案管理更高效且簡單。

—— 林鼎淵

全端工程師，暢銷書作家，ChatGPT、AI 科普講師，

全台第一本 ChatGPT 應用專書作者

自序

這是我第一次出書，心情既興奮又有些忐忑。

作為一個熱愛嘗試新軟體與專案管理的人，沒有想到自己竟然有這樣的機會，可以將自己的經驗和心得分享給更多可能有相同興趣或是有專案管理使用需求的朋友。

而真的開始撰寫這本書的時候，不僅僅是發現寫軟體操作書籍的撰寫難度，更真正意識到這個工具更多的廣度與深度，因為想放進書本裡的的內容實在太多太多了。

從專案管理到個人任務追蹤，從自訂流程到客製化議題處理，每一個功能都值得深入探討。但也正因為如此，我面臨了一個不小的挑戰——如何在這麼多內容中，篩選出最重要、最有價值的部分，將它們精煉成一本實用的工具書。

寫作的過程中，我不斷思考如何能夠更好地傳達這些知識。坦白說，寫到一半的時候我突然意識到，原本的架構和內容，還有很大的改進空間。這讓我毅然決定跟編輯討論我的新想法，也很開心編輯支持我的決定，於是我就放下原本手上已經完成度達到 75% 的書稿，整個從頭再來一次。雖然這樣做讓工作量大大增加，但我相信，這樣的新架構，一定能讓這本書更加完整，也能更好地幫助到讀者。

在這裡，我要特別感謝我的編輯們不厭其煩地給我建議和指導，從結構調整到用字遣詞、文句表達，無論多麼細微的問題，都耐心地和我討論，讓我逐漸找到了最合適的寫作方式。沒有編輯們的幫助，這本書無法如此順利地完成。

這本書的誕生過程，對我來說就是一個學習與磨練的旅程，我希望透過這本書，能夠將 Redmine 傳遞給更多人，幫助大家在工作和生活中發揮這個強大工具的最大價值。希望你們能在這本書中找到有用的知識，也希望它能成為你們在管理和軟體開發探索中的一個可靠夥伴！

本書的內容
安排和使用說明

本書設計的主要目的，是成為一本實用的工具書，以便不同讀者能根據自身需求靈活地使用。

考量到每位讀者可能會從不同的章節開始閱讀，因此書中在說明特定功能設定時，會附註相關的前置知識、延伸功能所在的章節號碼。這樣，你可以輕鬆地翻閱到對應章節了解更多資訊，然後再返回繼續瀏覽你原本感興趣的內容。

🔍 **如果你是純粹自己想要嘗試看看**

建議從最初的章節開始完整閱讀，並且也確切的使用 Docker 方式進行安裝來一起實作，這樣您可以掌握 Redmine 設定的精華與操作。

🔍 **如果你是想要解決特定的疑問**

請依照書中的介紹與大綱，挑選最符合您需求的章節直接閱讀，快速找到答案。

🔍 **如果你是想要知道還可以怎麼使用 Redmine**

請直接跳到最後的實用案例章節，相信可以給你不一樣的靈感參考！

這本書中，我盡可能地擷取最重點精華的部分，並且盡量詳細地以圖文輔助來說明了如何使用 Redmine 來管理各種任務和專案。然而，我深知有時候僅靠文字和圖片來理解這些工具的操作過程，其實是有一點難度的，所以為了可以讓讀者有更直觀掌握 Redmine 使用方法，有額外錄製了一系列教學影片。

影片的好處在於，你可以隨時暫停、重播，甚至同步進行操作，確保每一個步驟都能確實掌握。這些影片將帶領你一步步操作，從專案的設定，到議題的管理，再到進階功能的應用，所有步驟都會在影片中一一展示。我相信這些影片能作為書籍的最有力補充，讓你可以更清楚地看到每個設定和操作是如何進行的，幫助你更快速地上手 Redmine、學習更加全面、有效，並將其應用到實際工作中。

你可以在下方的網址或掃描 QR 碼來觀看這些影片。如果你有任何疑問或需要進一步的解說，也歡迎透過下方大補帖的網址裡附上的發問網址，提出你的疑問。希望這些額外的資源能幫助你在學習 Redmine 的過程中更加得心應手！

除了影片外，書內所提到的網址、指令、資訊等，你也都可在此網址上取得唷！

https://imsylvia.pse.is/redmine-in-one

目錄

1 Redmine 基礎介紹與安裝

2 Redmine 系統管理與初始設定

3 使用者帳號管理

4 群組與角色權限管理

5 專案管理

6 工作流程與議題管理

7 團隊協作

8 自訂與擴充功能

9 實戰：招募管理

10 實戰：生活管理

MEMO

chapter 1

Redmine
基礎介紹與安裝

1-1

Redmine 是什麼？主要功能有哪些？

Redmine 是一個開源的專案管理、議題追蹤工具，是由 Jean-Philippe Lang 在 2006 年首次發佈的軟體，它可以幫助你追蹤團隊裡的相關議題進度，幫助團隊協作來達成專案目標。

基本上 Redmine 都是「網頁」的操作界面，而且預設就有「自適應」的版面設計，所以不論你是手機還是使用電腦，都可以進行瀏覽、操作。

Redmine 既然是專案管理工具，那麼當然核心就是專案管理和議題追蹤管理囉！它擁有專案管理必備的各種功能，比如日曆、甘特圖、工時統計等等，通過可視化的方式清晰呈現專案進度和時間規劃。此外，Redmine 還支援版本控制、多專案管理，尤其 Redmine 的權限控制、自訂的內容非常的詳細，所以基本上在公司不用太多的成本之下，就可以應付大部分的公司專案管理場景了！

1-2

專案管理的軟體那麼多，
為什麼要選擇 Redmine ？

在現今市場上，有眾多專案管理工具可供選擇，比如 Jira、Trello、Asana、Notion 等等，這些軟體各自都有一些自己的限制。在實際工作中，預算限制是最容易遇到的狀況，因為不是所有團隊、公司都有機會、允許購買付費的商業軟體，以下是常見的專案軟體工具的費用：

平台	方案	單人每月費用（美金）
Asana	Premium	$13.49
	Business	$30.49
Jira	Standard	$8.15
	Premium	$12.48
Trello	Standard	$6.00
	Premium	$10.00
Notion	Plus	$12.00
	Business	$18.00

大多數時候我們需要利用各種免費工具來滿足專案管理的需求，所以綜合考慮到以下三點，是我會優先推薦你使用 Redmine 的原因：

低成本

Redmine 可以免費安裝和使用，這對於預算有限的公司來說是一個很大的優勢。雖然某些擴充元件和功能可能需要付費，但整體來說，Redmine 的運行成本通常低於其他商業專業管理工具。

多功能

Redmine 集結了專案管理所需的各種重要功能，包括議題分配、進度追蹤、時間記錄、專案階層、Wiki、版本控制規劃等等，並且可以透過各種擴充元件進一步擴充其功能。

可擴充

於 Redmine 的開源性質，如果公司有 IT 人員的話，更甚至可以根據需求進行高度訂製。

推薦歸推薦，但是如果公司沒有額外的人力可以協助做 Redmine 伺服器架設、維護的話，就建議還是找其他專案軟體工具，但是如果有意願安排人力去做維護，那麼 Redmine 真的會是一個相對便宜很多的選擇唷！

ps. 身處這個時代的我們，也可以考慮使用 ChatGPT 相關的 AI 工具，來幫助跨過維護這個難關唷！

1-3

Redmine 支援哪些瀏覽器？

Redmine 官方建議使用以下網頁瀏覽器的最新版本：

- Firefox
- Safari
- Chrome
- Chromium
- Microsoft Edge

注意！從 Redmine 5.0 版（2022 年 3 月發佈）起，就不支援 Internet Explorer 瀏覽器囉！如果假設你現在公司還是要求要用 IE 瀏覽器的話……請注意 Redmine 使用的版本唷！

1-4

如何使用 Docker 在自己的電腦上運行 Redmine？

如果你只是想要快速的在自己電腦上運作 Redmine 來使用看看，那麼使用 Docker 安裝是最快的！ Docker 是一個輕量的虛擬化平台，可以把應用軟體和對應相關依賴的安裝檔打包成一個容器。你可以把它想像就是一個大補帖，不用怕東漏一個設定、西漏一個設定，Redmine 已經有提供官方的映像檔案，所以直接使用 Docker 運行 Redmine 完全可以大大簡化安裝和設定過程！

步驟 1：安裝 Docker

在開始使用 Docker 運行 Redmine 之前，首先需要安裝 Docker。

請前往 Docker 官網進行下載：

```
https://www.docker.com/products/docker-desktop/
```

◎ 圖 1.1

依照你的作業系統，去選擇對應的下載檔案，如果是 Windows 系統，就請下載 Docker Desktop for Windows，如果是 Mac 系統，請依照你的 CPU 晶片類型，選擇對應的檔案進行安裝。

📝 步驟 2：獲取 Redmine Docker

打開 Terminal 來運行指令，就可以獲取 Redmine 的 Docker 檔案，不同作業系統打開 Terminal 的方式不一樣：

🔎 Windows 電腦

按 `Win` + `X`，選擇「Windows PowerShell」或「Command Prompt」。

🔎 Mac 電腦

按 `Command` + `Space` 打開 Spotlight，輸入「Terminal」並按下「Enter」。

打開以後，輸入以下指令，就會開始進行 Redmine 的檔案獲取：

```
docker pull redmine
```

步驟 3：運行 Redmine Docker

獲取完成以後，先不要離開，換輸入以下指令，就可以啟動 Redmine 運作：

```
docker run -d -p 3000:3000 --name redmine redmine
```

步驟 4：存取 Redmine

這時候請你打開瀏覽器，造訪網址：

```
http://localhost:3000
```

你就應該能夠看到 Redmine 的登錄頁面！恭喜你成功快速啟動 Redmine 囉！

剛安裝好的 Redmine 預設的登入帳號和登入密碼都為 `admin`，首次登入時，Redmine 系統就會要求你更改預設密碼！

1-5

我想要在本機自行安裝 Redmine，系統需求有什麼？

作業系統

Redmine 可以運行在大多數的 Unix、Linux、macOS 和 Windows 系統上，只要這些平台有支援 Ruby 即可。

硬體需求

對於小型團隊（約 20-30 個專案，20-30 個使用者），可以考慮以下的最低硬體配置：

- 處理器：Intel Celeron（最低 300 MHz）

- 記憶體：1-2 GB RAM

- 硬碟空間：30-40 GB

對於較大規模的團隊，建議的硬體配置如下：

使用者數量	執行緒 / vCPU	記憶體	硬碟
50	8	12 GB	40 GB
100	12	32 GB	60 GB
200	24	64 GB	200 GB
500	24	128 GB	500 GB

☑ 軟體需求

- Ruby 版本：建議至少 2.7

- 資料庫：MySQL 或 PostgreSQL 等

- 其他相依套件：Bundler、Git、ImageMagick 等

因為這部分並非我的專業範疇，所以更詳細的本機安裝設定與步驟，建議你可以直接參考 Redmine 官網上的資訊：

```
https://www.redmine.org/projects/redmine/wiki/redmineinstall
```

如果你只是要快速的啟動 Redmine 來自行使用，那麼我還是會建議你就直接使用章節 1-5 提到的 Docker 容器的方式來部署、啟動，來簡化安裝和管理的過程。

2
chapter

Redmine
系統管理與初始設定

2-1

Admin 帳號是什麼？有什麼功能？

在啟動 Redmine 後，就已經預設建置一個 Admin 管理帳號，這個帳號具有完全控制權，能夠執行所有系統管理操作，包括使用者帳號管理、專案管理、系統設定等。

- **使用者帳號管理**：Admin 帳號可以建立、編輯和刪除使用者，設定使用者的角色和權限，重設使用者密碼等等相關使用者資訊。

- **專案管理**：Admin 帳號可以建立、編輯和刪除專案，設定專案的可見性和存取權限，管理專案的成員和角色。

- **系統設定**：Admin 帳號可以存取和修改 Redmine 的所有系統設定，包括一般設定、顯示設定、通知設定等。

- **擴充管理**：Admin 帳號可以安裝、設定和移除擴充套件，增加 Redmine 可用性。

- **資料管理**：Admin 帳號可以匯入和匯出資料，執行系統備份和恢復。

- **角色與權限管理**：Admin 帳號可以建立和編輯角色，定義不同角色的權限，確保系統的安全性和可控性。

- **自訂欄位**：Admin 帳號可以建立和管理自訂欄位，符合特定專案的需求。

○ 工作流程設定：Admin 帳號可以設定和修改議題的工作流程，
　定義不同角色在議題流程中的操作權限。

所以說，當你擁有 Admin 帳號的權限，你就在 Redmine 裡面擁有全世界啦！

不過，這種權限帶來便利的同時也伴隨著風險。因此，一定要謹慎選擇授予 Admin 權限的使用者，並且要將系統內的敏感資料妥善管理唷！

2-2

如何識別自己帳號是不是有 Admin 權限？

Home　My page　Projects　Administration　Help

Redmine

◎ 圖 2.1

通常在 Redmine 最一開始預設建置的使用者帳號，就是最初始的具備 Admin 權限。那當然我們是可以再增加其他使用者帳號 Admin 權限，所以最簡單、直接的識別方式，就是可以看到你的左上角是不是擁有「Administration」的選項功能，如果有的話，就表示你具備 Admin 權限！

2-3

Admin 使用者帳號的權限有多大？

除了可以參考章節 2-1 提到的 Admin 使用者帳號所擁有的功能，有一個額外要提醒的是「瀏覽權限」的無敵狀態：

1. 不管「專案」是否有新增 Admin 帳號為成員，都可以看到專案內容。

2. 不管「議題」是否有設定為「私人」，都可以看到議題內容。

3. 不管「筆記」是否有設定為「私人」，都可以看到筆記內容。

就像往下展現的這張圖，就是使用 Admin 帳號進行檢視，你可以看到在 Admin 帳號角度上所看到的私人議題和私人筆記的內容。

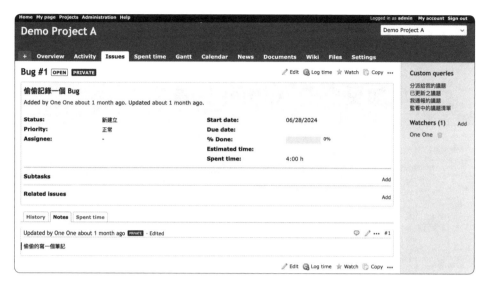

◎ 圖 2.2

所以使用者帳號務必就要注意兩個部分：

1. 慎選成為具備 Admin 權限的使用者帳號人員。

2. 請不要把太私密的資訊放心的全部寫在 Redmine 上面！！

2-4

如何增加更多的 Admin 人員？

Information

Login *	sylvia1111
First name *	One
Last name *	FOUR
Email *	one@mail.com
Language	English
Administrator ☑	

◎ 圖 2.3

在使用者帳號清單中，找到你要設定為 Admin 的帳號進行編輯，在
「Information」區塊，可以看到一個「Administrator」的選項，進行勾
選以後儲存，就完成 Admin 帳號的增設了。

2-5

會不會不小心把 Admin 帳號刪掉，然後就沒有任何 Admin 了？

不會，因為 Redmine 有設定，帳號自己本身為 Admin 時，不能刪除自己的帳號，也不能取消自己的 Admin 設定，但是可以刪除、編輯其他 Admin 帳號，所以不管如何，至少都會保有最後一個 Admin 帳號。

不過以風險控制來說，還是會建議至少保留 2 個或以上的 Admin 帳號。這樣在其中一個 Admin 帳號人員無法操作時，系統仍有另一個 Admin 帳號可以管理系統。

2-6

我要如何修改 Redmine 網站的名稱？

◎ 圖 2.4

在一開始建置好的 Redmine，預設就會把名稱命名為 Redmine，這部分我們可以進行修改。

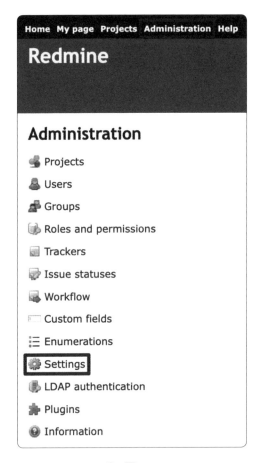

◎ 圖 2.5

Admin 權限的帳號，由上方點擊進入「Administration」後，選擇「Settings」就會進入到設定頁面。

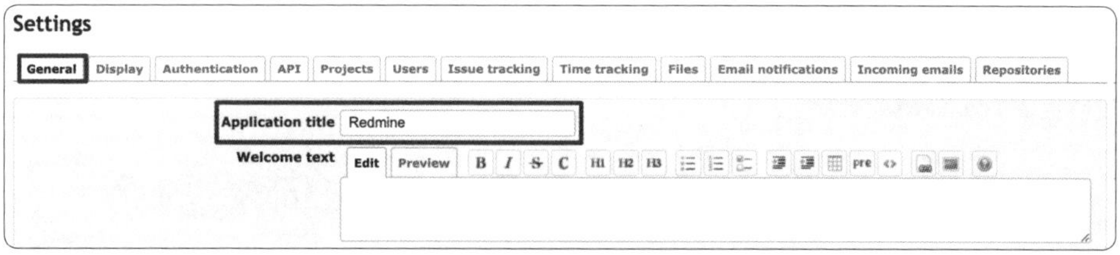

◎ 圖 2.6

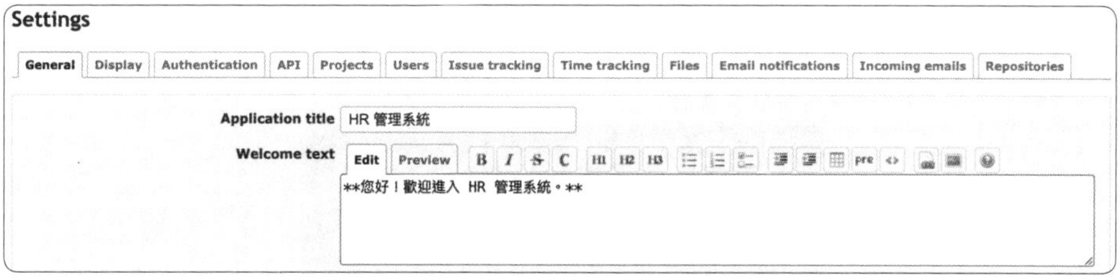

◎ 圖 2.7

在 General 分頁裡，可以透過「Application Title」這個選項進行調整，就能夠更改這個 Redmine 系統的名稱了。你甚至也可以在下方的「Welcome Text」輸入一些預設招呼用語。

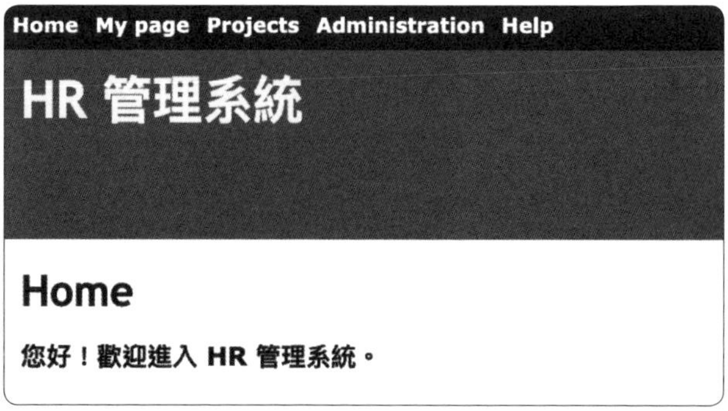

◎ 圖 2.8

設定完成以後，就會可以達到如圖的調整效果啦！

2-7

Redmine 有支援 API 嗎？要如何開啟？

當然是有的，Redmine 支援使用 API 來對專案、議題、使用者等等做查詢、新增、修改、刪除，而使用 API 的步驟如下：

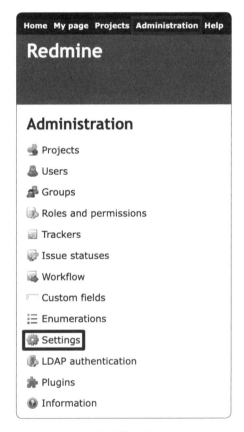

◎ 圖 2.9

首先，你要先登入 Admin 權限的帳號，由上方點擊進入
「Administration」後，選擇「Settings」進入到設定頁面。

Settings

General	Display	Authentication	**API**	Projects	Users	Issue tracking	Time tracking	Files	Email

Enable REST web service ☑

Enable JSONP support ☐

Save

◎ 圖 2.10

可以看到第四個選項有一個「API」，進入以後把第一個「Enable REST
web service」的選項進行勾選，這樣才算開啟 API 的功能唷！

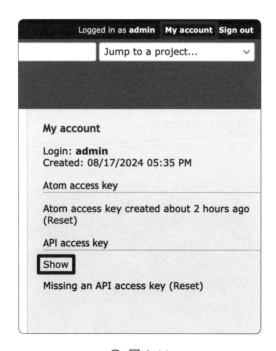

◎ 圖 2.11

啟用選項以後,就可以來產生 API 呼叫需要的 Token。

每個使用者帳號都自己專屬的 API Token,所以我們要由右上角的「My Account」裡,進入我的帳號資訊,就可以在右邊「API Access Key」取得我們的 API Token。

前置設定完成後,就可以使用 API 啦!關於詳細的 API 操作說明文件,可以到 Redmine 的官網上去瀏覽:

```
https://www.redmine.org/projects/redmine/wiki/rest_api
```

2-8

我想發送電子郵件,要如何設定 SMTP?

設定好 SMTP,才能夠發送電子郵件通知,比如使用者帳號註冊確認、密碼重設請求和議題更新通知等等。

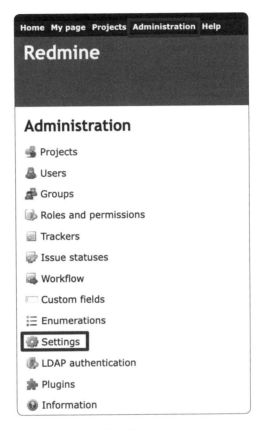

◎ 圖 2.12

需使用具備 Admin 權限的帳號做調整，登入以後在左上角的
「Administration」，選擇進入「Setting」。

◎ 圖 2.13

然後進入「Email Notifications」設定頁面後，你會發現沒辦法直接設定，你必須直接去找出設定檔。

configuration.yml 文件通常位於 Redmine 的 config 目錄下，如果你找不到這個文件的話，你就可以直接建立一個。

```
email_delivery:
delivery_method: :smtp
smtp_settings:
address: "smtp.example.com"
port: 587
domain: "example.com"
authentication: :login
user_name: "user@example.com"
password: "your_password"
enable_starttls_auto: true
```

以下是設定文件中每個設定項目的簡單說明：

- email_delivery
  - delivery_method：指定電子郵件的發送方式。
  - :smtp：表示使用 SMTP 協議來發送郵件。

○ smtp_settings

- ◆ address：SMTP 伺服器地址。「smtp.gmail.com」表示使用 Gmail 的 SMTP 伺服器。

- ◆ port：SMTP 伺服器的 port 號。587 是 Gmail SMTP 伺服器的 port 號，用於 TLS 加密。

- ◆ domain：用於 HELO 命令的域名。「example.com」可以替換為你的組織或公司域名。這個設定通常不會影響郵件發送，可以使用任意值。

- ◆ authentication：認證類型。「:login」表示使用登入認證方式。這是最常見的 SMTP 認證方式之一。

- ◆ user_name：SMTP 帳號的帳號名。「your_email@example.com」表示使用你的 Gmail 地址作為登錄帳號名。

- ◆ password：SMTP 帳號的密碼。

  「your_app_specific_password」應替換為你的 Gmail 應用程式專用密碼。這個密碼跟你平常輸入的 Gmail 登錄密碼是不一樣的，是專門為應用軟體產生來確保安全性，往下的小試身手會說明如何取得！

- ◆ enable_starttls_auto：是否啟用 STARTTLS。

  true 表示自動啟用 STARTTLS，這是一種加密協議，用於升級未加密的連接到加密連接（TLS）。

小試身手案例實作 ⋯⋯⋯⋯⋯⋯⋯⋯⋯⋯⋯⋯⋯⋯⋯⋯⋯⋯⋯⋯⋯⋯⋯

我們就使用 Gmail 來作為 SMTP 伺服器設定來啟用 Redmine 的電子郵件功能吧！

✍️ 步驟一：產生 Gmail 應用程式專用密碼

請使用需要登入要作為發信用的 Gmail 帳號進入應用程式密碼設定：

```
https://myaccount.google.com/apppasswords
```

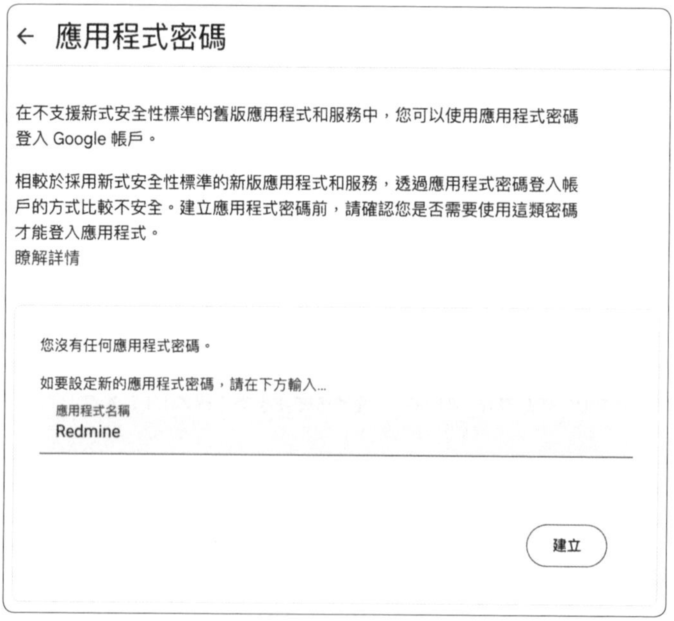

← 應用程式密碼

在不支援新式安全性標準的舊版應用程式和服務中，您可以使用應用程式密碼登入 Google 帳戶。

相較於採用新式安全性標準的新版應用程式和服務，透過應用程式密碼登入帳戶的方式比較不安全。建立應用程式密碼前，請確認您是否需要使用這類密碼才能登入應用程式。
瞭解詳情

您沒有任何應用程式密碼。

如要設定新的應用程式密碼，請在下方輸入…

應用程式名稱
Redmine

建立

◎ 圖 2.14

命名完畢以後，你就會取得 16 字元的密碼，這個會在稍後的設定檔案中使用到。

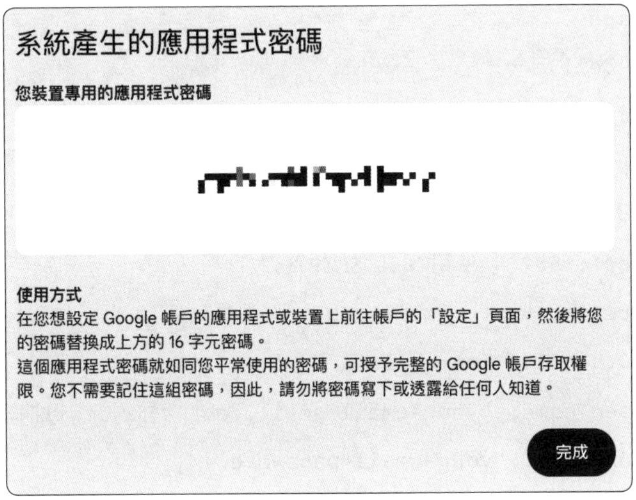

系統產生的應用程式密碼

您裝置專用的應用程式密碼

使用方式

在您想設定 Google 帳戶的應用程式或裝置上前往帳戶的「設定」頁面，然後將您的密碼替換成上方的 16 字元密碼。

這個應用程式密碼就如同您平常使用的密碼，可授予完整的 Google 帳戶存取權限。您不需要記住這組密碼，因此，請勿將密碼寫下或透露給任何人知道。

完成

◎ 圖 2.15

☑ 步驟二：配置 Redmine 的 configuration.yml

我們需要在 Redmine 的 configuration.yml 文件中，新增關於 Gmail 的 SMTP 設定。

我們先開啟 configuration.yml 文件

```
nano /path/to/redmine/config/configuration.yml
```

然後針對內容新增（或修改）成以下配置，才可以順使使用
Gmail 發送郵件：

```
production:
  email_delivery:
    delivery_method: :smtp
    smtp_settings:
      address: "smtp.gmail.com" #GmailSMTP伺服器地址
      port: 587 # 使用TLS的SMTP端口
      domain: "smtp.gmail.com" #郵件域名
      authentication: :plain
      user_name: "your-email@gmail.com" #你的Gmail信箱
      password: "your-email-password"
      #剛剛所產生的Gmail應用程式專用密碼
      enable_starttls_auto: true # 自動啟用 TLS
```

2-9

Redmine 支援哪些語言、語系？

Redmine 提供多種語言、語系的支援，基本上已經涵蓋了主要的國際語言以及部分區域性語言。截至目前，Redmine 支援超過 40 種不同的語言，這些語言的清單包括但不限於：繁體中文、英文、日文、韓文、法文、德文等等，甚至連泰文、越南文、瑞典文等等都有支援，所以如果你要將 Redmine 使用在具備跨國性質的公司裡面，基本上是沒有問題的唷！

2-10

如何調整 Redmine 的語言、語系？

有幾個地方可以設定語言，首先是使用 Admin 權限的使用者帳號，可以進行 Redmine 本身的預設語言，另外也可以透過 Admin 權限的使用者帳號，去調整其他使用者帳號的語言，那當然也可以是使用者自己本身去設定，下面依序講怎麼調整、設定。

✎ Redmine 系統預設語言調整

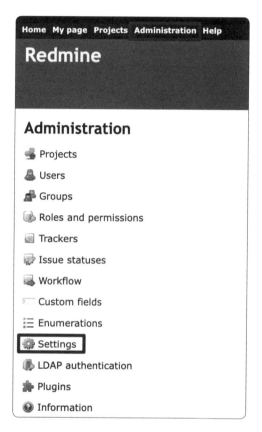

◎ 圖 2.16

Redmine 的預設語言，需使用具備 Admin 權限的帳號做調整，登入以後在左上角的「Administration」，選擇進入「Setting」。

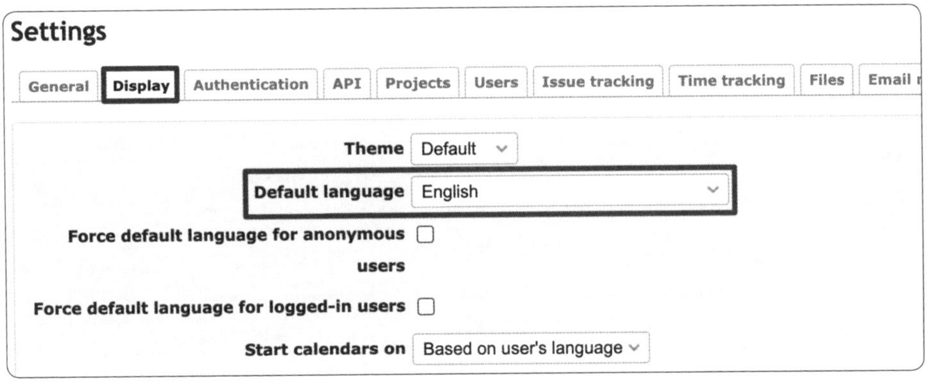

Settings

General	**Display**	Authentication	API	Projects	Users	Issue tracking	Time tracking	Files	Email

Theme [Default ˅]

Default language [English ˅]

Force default language for anonymous [ ]
users

Force default language for logged-in users [ ]

Start calendars on [Based on user's language ˅]

◎ 圖 2.17

選擇「Display」頁籤，就可以看到「Default Language」的選項，這邊就可以選擇。

☑ Admin 帳號協助調整使用者語系

◎ 圖 2.18

使用具備 Admin 權限的帳號做調整,登入以後在左上角的「Administration」,選擇「Users」進入使用者清單頁面。

◎ 圖 2.19

選擇你想要調整的使用者帳號,點擊進入使用者帳號資訊頁面。

◎ 圖 2.20

這時候你就可以在 Information 區塊看到 Language 的選項,就可以幫助使用者做語言的調整。

✐ 使用者自行調整語系

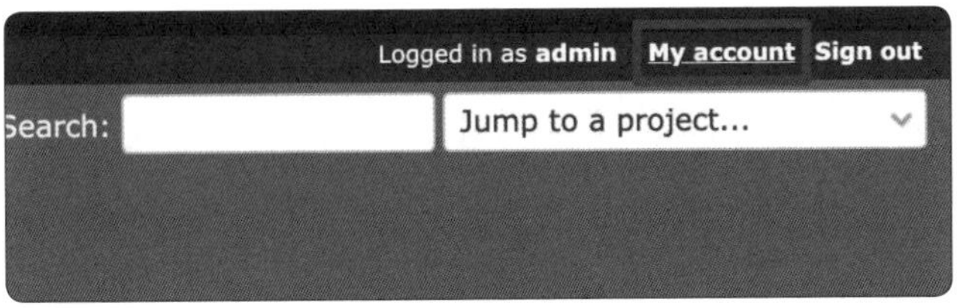

◎ 圖 2.21

如果你是想要自行修改自己的使用語系，這當然也是沒有問題的！你只要在右上角找到「My Account」選項，進入的自己的帳號管理頁面。

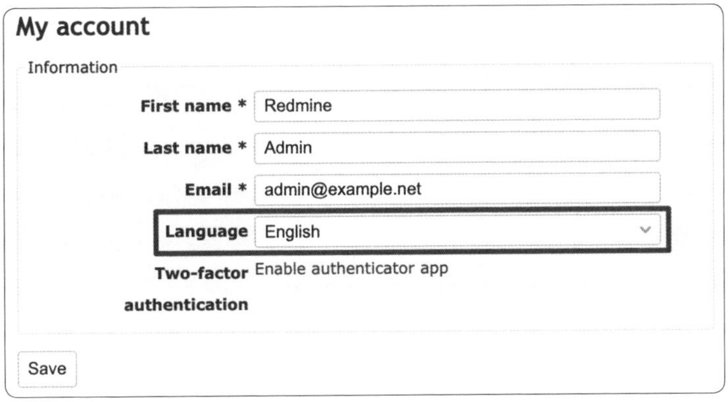

◎ 圖 2.22

可以在 Information 區塊，看到「Language」的選項，你想要換什麼語言都沒問題！

MEMO

3
chapter

使用者帳號管理

3-1

Redmine 有提供哪些方式
來建立使用者帳號？

建置 Redmine 帳號的方式可以先分兩種，一個就是透過 Admin 帳號統一管理、建置，另一種就是可以直接讓使用者自行在 Redmine 網站上註冊。

而如果是讓使用者自行註冊，還有不同的啟動方式：

手動啟用帳號

當使用者註冊以後，會需要透過具備 Admin 權限的使用者帳號做啟用。

電子郵件啟用帳號

當使用者註冊以後，會發送一封電子郵件給使用者，讓使用者透過電子郵件做啟用，如果要使用這項功能，前置會需要設定好 SMTP。（請參考章節 2-8）

自動啟用帳號

當使用者註冊以後，他的使用者帳號就會自動啟用。

如果想要知道可以在哪邊設定註冊方式，請往下看章節 3-2。

3-2

我在哪邊可以控制使用者註冊開關與設定？

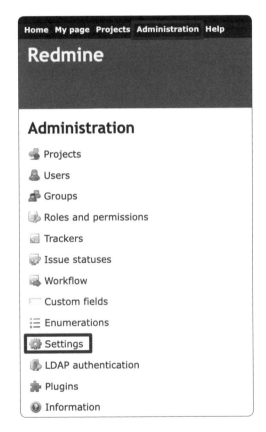

◎ 圖 3.1

使用具備 Admin 權限的帳號做調整，登入以後在左上角的「Administration」，選擇進入「Setting」。

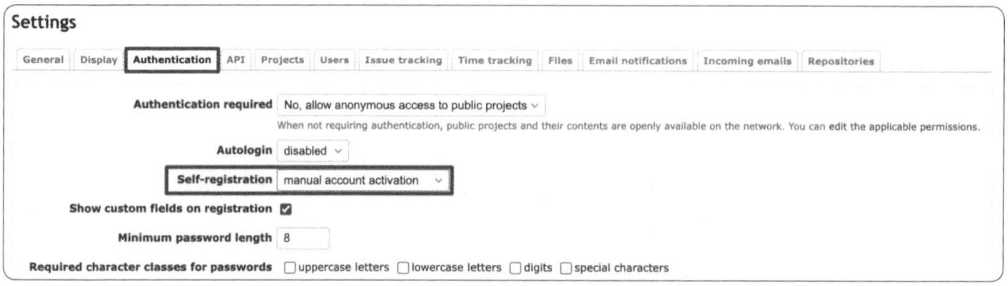

Settings

General | Display | **Authentication** | API | Projects | Users | Issue tracking | Time tracking | Files | Email notifications | Incoming emails | Repositories

Authentication required	No, allow anonymous access to public projects ∨
	When not requiring authentication, public projects and their contents are openly available on the network. You can edit the applicable permissions.
Autologin	disabled ∨
Self-registration	manual account activation ∨
Show custom fields on registration	☑
Minimum password length	8
Required character classes for passwords	☐ uppercase letters ☐ lowercase letters ☐ digits ☐ special characters

◎ 圖 3.2

於 Authentication 功能頁,就可以看到「Self-Registration」的功能設定
選項。

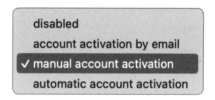

◎ 圖 3.3

其中這個設定,共有 4 個選項,以下依序介紹。

🔎 Disabled

禁止自行註冊帳號,表示使用者無法自行建立帳號,所有帳號
都必須由 Redmine 的管理員手動新增。這是一個相對保守的設
定,適合需要嚴格控制系統存取權限的情境。

Account activation by email

此選項表示使用者可以自行註冊帳號，但系統會向使用者的電子郵件地址發送一封包含啟動網址的信件到使用者註冊的電子信箱，使用者必須透過點擊該網址後來啟用他們的使用者帳號。這可以確保使用者提供的電子郵件地址，是真實有效的！

Manual account activation

使用者可以自行註冊帳號，但是必須透過 Redmine 的管理員手動審核和啟用帳號以後，使用者才真的可以使用所註冊的帳號。這種方式也適合於需要嚴格審核使用者資格的系統，不過這樣也表示使用者帳號註冊後可能需要等待一段時間才能開始使用系統，不像上一個設定，可以透過 Email 驗證就自行啟用帳號。

Automatic account activation

此選項的意思就是允許使用者自行註冊帳號，並且帳號會在註冊後自動啟用。這是最簡單的註冊方式，適合於需要快速註冊和使用的系統，但安全性相對較低，因為沒有任何形式的審核或驗證，適合公開系統或不需要嚴格控制的使用場景，例如開放給所有人使用的 FAQ 平台。

如果系統對安全性有較高要求，建議使用 Account activation by email 或 Manual account activation，而 Disabled 是最保守的選擇。若系統需要快速方便使用者建置帳號並且對於安全性的要求並不高，則可以選擇 Automatic account activation。

3-3

我要如何設定、要求使用者帳號的密碼格式？

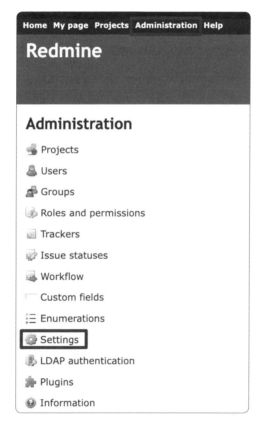

◎ 圖 3.4

使用具備 Admin 權限的帳號做調整，登入以後在左上角的「Administration」，選擇進入「Setting」。

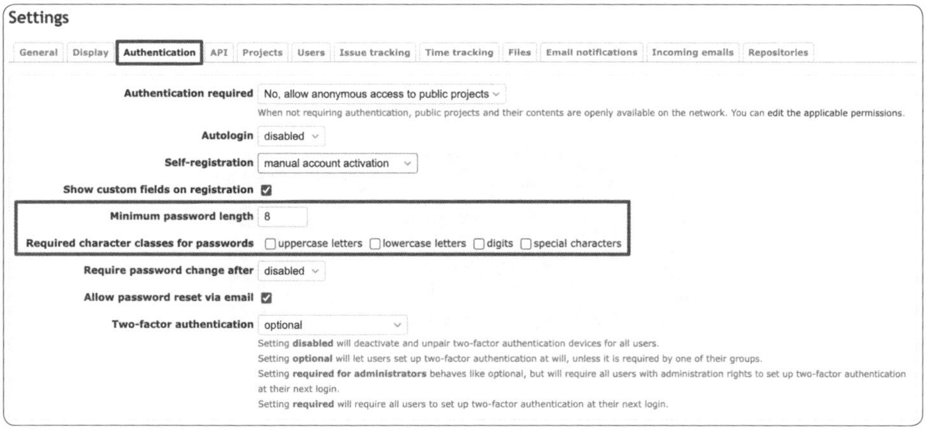

◎ 圖 3.5

於 Authentication 功能頁，就可以看到「Minimum password length」和「Required character for passwords」的兩個功能設定選項。

「Minimum password length」就是密碼的最低長度要求，而「Required character for passwords」則是可以讓使用者的密碼加強強度，只要你有勾選的設定，使用者的密碼就必須、一定要包含。比如當你勾選了 Uppercase Letters 和 Lowercase Letters，那你的密碼內容，就一定要同時都包含大小寫。

3-4

如何透過後台建立零星的使用者帳號？

◎ 圖 3.6

使用具備 Admin 權限的帳號做調整，登入以後在左上角的「Administration」，選擇進入「Users」進入使用者帳號頁面。

◎ 圖 3.7

於右上角的選項中，點擊「New User」就可以開始單一建置使用者帳號了！

3-5

要如何進行批次建立使用者帳號呢？

既然我們是要批次，那我們就要先準備好我們的清單。

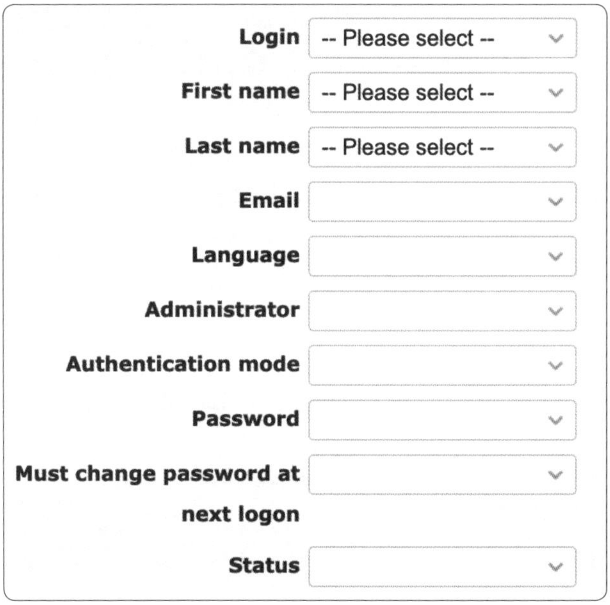

Login	-- Please select --
First name	-- Please select --
Last name	-- Please select --
Email	
Language	
Administrator	
Authentication mode	
Password	
Must change password at next logon	
Status	

◎ 圖 3.8

上圖就是 Redmine 匯入清單的每個欄位，以下針對重要的欄位進行説明，你就可以依照欄位狀況，來準備你的 CSV 檔案了！

Login

是使用者的登入帳號，必須是唯一的不可以與其他現存的使用者帳號重複，用於使用者登入 Redmine。格式要求為字母、數字、下劃線或點，例如 jdoe 或 alice.smith。

First Name

使用者的名字，只要是字母或其他合法字元都可以接受。

Last Name

使用者的姓氏，與名字一樣，只要是字母或其他合法字元都可以。

Email

使用者的電子郵件地址，必須是唯一的，Redmine 將使用此地址進行通知等操作。

Language

設定。所使用的語言，以下提供比較常見的設定語言代碼：英文為 `en`、繁體中文為 `zh-TW`。

Admin

用來設定使用者帳號是否具有管理員權限，若要設定為管理員則輸入 true，若不是管理員則輸入 `false`。

○ Password

使用者的登入密碼，這是使用者的初始密碼。至少 8 個字元，包含字母和數字，例如 password123。

○ Must Change Password on First Login

指定使用者是否必須在第一次登入時更改他們的密碼，若必須更改請設定為 `true`，若不必更改則設定為 `false`。

○ Status

使用者帳號的狀態，決定使用者是否能夠登入。若為 Active 設定為 1、鎖定 Locked 設定為 3。

上面每個欄位我們都瞭解清楚了，你也準備好對應的 csv 檔案了，那麼接下來我們就可以來進行批次匯入囉！

◎ 圖 3.9

登入具備 Admin 權限的帳號，於頁面左上角找到「Administration」，進入到網站管理頁面，然後於網站管理介面，點擊「Users」進入使用者帳號頁面。

◎ 圖 3.10

Import users

Fields mapping

Login	login ⌄
First name	firstname ⌄
Last name	lastname ⌄
Email	email ⌄
Language	⌄
Administrator	admin ⌄
Authentication mode	⌄
Password	password ⌄
Must change password at next logon	must_change_passwd ⌄
Status	status ⌄

File content preview

login	password	lastname	firstname	email	admin	status	auth_source_id	must_change_passwd
jdoe	password123	Doe	John	jdoe@example.com	false	1		false
asmith	password456	Smith	Alice	asmith@example.com	false	1		true
admin	adminpass	Admin	Super	admin@example.com	true	1		false

◎ 圖 3.11

在右上角的選項中，點擊「New user」旁邊的「三個點」選項，就可以看到「Import」功能，點擊後進入匯入。

1. **上傳檔案**：上傳你剛剛所準備好的 CSV 檔案。

2. **匹配欄位**：在匯入過程中，Redmine 會要求你匹配 CSV 中的欄位與 Redmine 中的使用者帳號欄位，只要按照提示進行匹配就可以！

3. **完成匯入**：確認匯入的資料並完成匯入過程。

Import users

3 out of 3 items could not be imported:

Position	Message
1	Email has already been taken Login has already been taken
2	Email has already been taken Login has already been taken
3	Login has already been taken

◎ 圖 3.12

小提醒：對於匯入的資料要注意的是，我們的使用者帳號名稱與電子郵件地址不可以，跟原本 Redmine 裡面的使用者帳號資料重複，否則就像上面圖片呈現一樣會匯入失敗啦！

3-6

使用者忘記密碼的時候怎麼辦？

Redmine 有可以讓使用者自行重新設定密碼，不過就必須要先進行好電子郵件的設定（請參照章節 2-8）

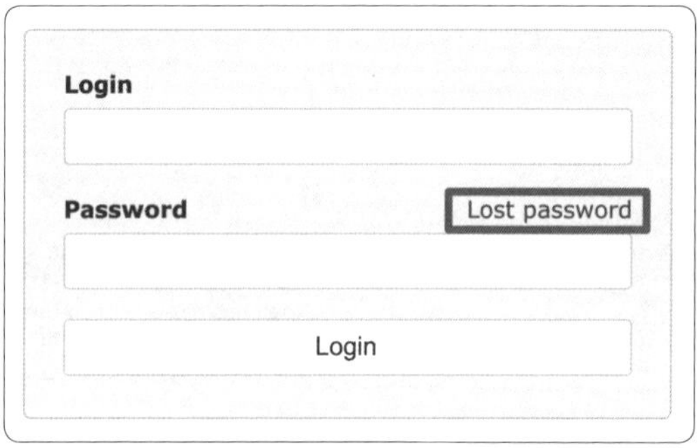

◎ 圖 3.13

若在電子信箱有設定好的情況下，使用者就可以直接在登入頁面中，點擊「Lost Password」。

◎ 圖 3.14

輸入註冊 Redmine 時使用的電子郵件地址，然後點擊「Submit」按鈕。使用者就會收到一封來自 Redmine 的電子郵件，其中會包含可以

重設密碼的網址，點擊重設密碼的網址，就會打開一個新的頁面，讓使用者自行設定新密碼。

那如果並沒有開啟電子信箱設定功能的話，就要往下參考章節 3-7 的方式來重設密碼囉！

3-7

如何重設使用者密碼？

如果系統沒有設定電子郵件服務，那麼透過 Admin 管理員重設密碼將是唯一的選擇。

◎ 圖 3.15

使用具備 Admin 權限的帳號做調整，登入以後在左上角的「Administration」，選擇進入「Users」進入使用者帳號頁面。

◎ 圖 3.16

在使用者帳號列表中，找到你需要重設密碼的使用者，點擊進入使用者帳號資訊頁面。

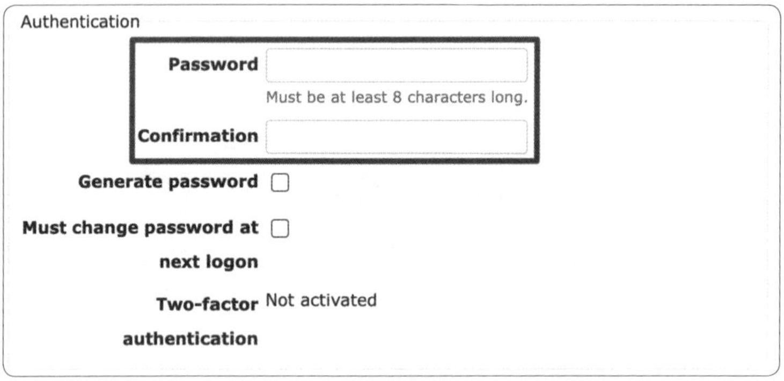

◎ 圖 3.17

可以在頁面上找到「Authentication」的區塊，在「Password」輸入新密碼，並且在「Confirmation」欄位中再次輸入相同的密碼以進行確認。

如果你希望強制使用者在使用你幫他的重設的密碼登入後，直接重新設定，請記得勾選下方的「Must Change Password At Next Logon」，這樣使用者在登入以後，就會被系統要求自行再設定密碼，而基於帳號安全性考量，我會建議一定要進行勾選唷！

3-8

如何停用使用者帳號？

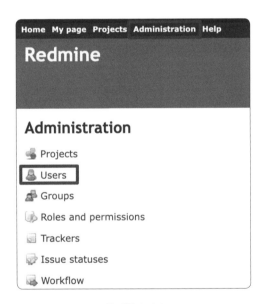

◎ 圖 3.18

使用具備 Admin 權限的帳號做調整，登入以後在左上角的「Administration」，選擇進入「Users」進入使用者帳號頁面。

◉ 圖 3.19

在使用者帳號列表中，找到你需要停用的使用者，點擊進入使用者帳號
資訊頁面。

◉ 圖 3.20

在頁面的右上角可以看到「Lock」的按鈕，點擊後就會馬上停用。

◉ 圖 3.21

如果要恢復，也是在同樣的位置，只是改成點擊「Unlock」就可以復
原。

被停用的使用者帳號會無法登入系統，但這個帳號的相關活動記錄都還是會保留在系統裡面，不會消失。

3-9

如何刪除使用者帳號？

◎ 圖 3.22

使用具備 Admin 權限的帳號做調整，登入以後在左上角的「Administration」，選擇進入「Users」進入使用者帳號頁面。

◎ 圖 3.23

在使用者帳號列表中,找到你要刪除的使用者,點擊進入使用者帳號資訊頁面。

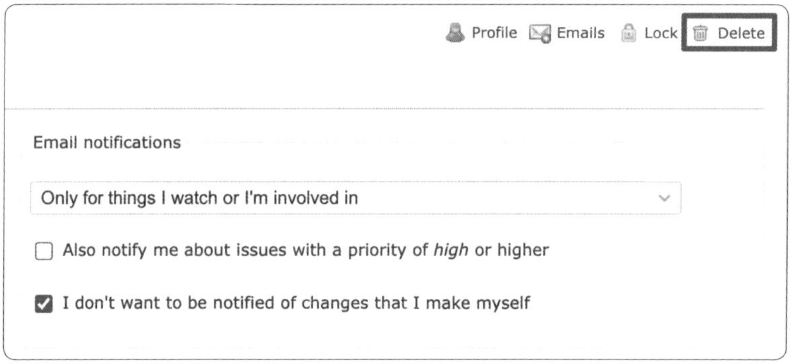

◎ 圖 3.24

在頁面的右上角就可以看到「Delete」按鈕,點擊以後 Redmine 會進行確認,如果確認刪除後,就無法復原了!所以請務必進行多次確認唷!

被刪除的使用者及其相關活動記錄都將永久從系統中移除,所以可能會影響到專案中的一些活動記錄和分配情況。因此在刪除使用者前,建議先檢視使用者在各專案中的角色和分配情況唷!

3-10

我可以批次刪除、停用使用者帳號嗎？

當然可以的，除了前面章節 3-8、3-9 介紹到進到單一使用者帳號頁面
做停用、刪除帳號外，也可以在列表上面進行操作。

◎ 圖 3.25

使 用 具 備 Admin 權 限 的 帳 號 做 調 整 ， 登 入 以 後 在 左 上 角 的
「Administration」，選擇進入「Users」進入使用者帳號頁面。

Users
New user
Filters
Status
is
active
Add filter
Options
Apply
Clear
Save custom query
Login
First name
Last name
Email
Administrator
Created
Last sign in
admin Redmine Admin admin@example.net Yes 08/17/2024 02:42 AM 08/19/2024 01:39 PM
asmith Alice Smith asmith@example.com No 08/18/2024 07:20 PM
jdoe John Doe jdoe@example.com No 08/18/2024 07:20 PM
rdleader RD LEADER rd@mail.com No 08/19/2024 02:15 PM 08/19/2024 02:15 PM
Delete
(1-4/4)
Also available in: CSV
Administration
Projects
Users
Groups
Roles and permissions
Trackers
Issue statuses
Workflow
Custom fields
LDAP authentication
Plugins
Information

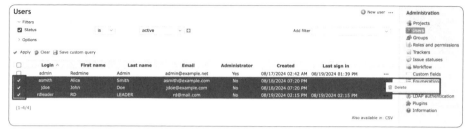

圖 3.26

你在列表上找到要刪除或是要停用的使用者帳號們，勾選使用者帳號最左側的複選框，然後在最右側的三點選單，就可以看到有一個「Delete」選項，你可能會想說，欸，我只是要停用而已耶！別怕！如果你只是想要停用使用者帳號的話，也是先選擇這個選項，不要緊張！

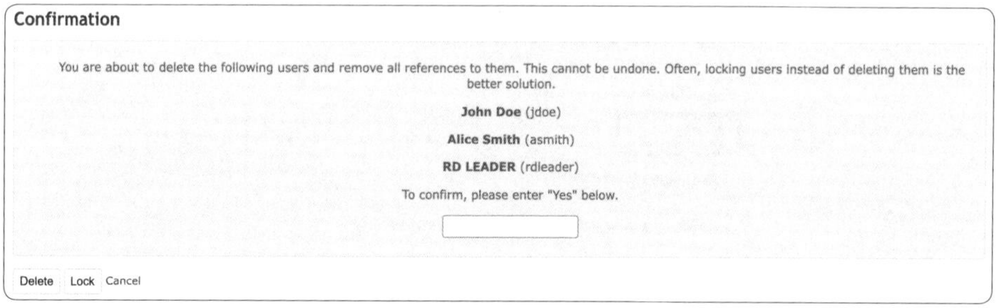

Confirmation
You are about to delete the following users and remove all references to them. This cannot be undone. Often, locking users instead of deleting them is the better solution.
John Doe (jdoe)
Alice Smith (asmith)
RD LEADER (rdleader)
To confirm, please enter "Yes" below.
Delete
Lock
Cancel

圖 3.27

因為是批次使用者帳號的處理，會比單一個使用者刪除多增加一個確認步驟，你可以在這個畫面左下角看到「Lock」按鈕，如果你只是要停用帳號，則這時你只需直接按下「Lock」，就完成批量的停用帳號；如果你是要刪除帳號的話，你就必須要一定要輸入畫面中間的確認要求文字，才能按下「Delete」進行刪除。

3-11

使用者自己可以刪除帳號嗎？

可以，不過這是基於你的設定，來影響使用者可不可以進行刪除的！

◎ 圖 3.28

如果設定是開啟使用者可以自行刪除帳號的話，那麼使用者可以透過右上角的「My Account」進入到個人帳號頁面，就可以在最右側看到「Delete My Account」的選項。

基於資料完整性還有帳號的管理，會建議要把這個選項做關閉！

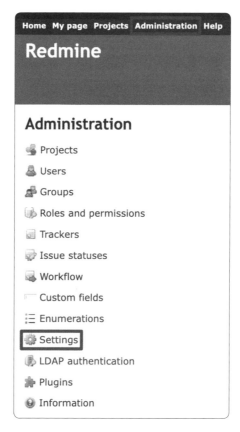

◎ 圖 3.29

請使用 Admin 權限的帳號,由上方點擊進入「Administration」後,選擇「Settings」就會進入到設定頁面。

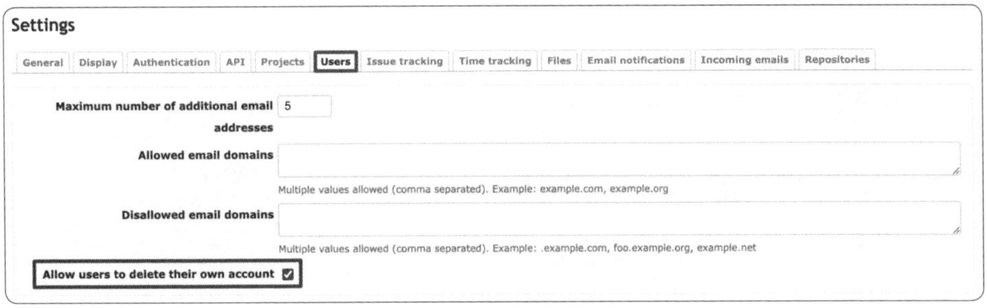

Settings

General　Display　Authentication　API　Projects　**Users**　Issue tracking　Time tracking　Files　Email notifications　Incoming emails　Repositories

Maximum number of additional email addresses 　5

Allowed email domains

Multiple values allowed (comma separated). Example: example.com, example.org

Disallowed email domains

Multiple values allowed (comma separated). Example: .example.com, foo.example.org, example.net

Allow users to delete their own account ☑

◎ 圖 3.30

切換到「Users」的功能分頁，可以看到「Allow Users To Delete Their
Own Account」的選項，這邊取消勾選後儲存設定後，使用者就無法自
行刪除帳號啦！

3-12

使用者帳號登入可以新增其他驗證來增加安全性嗎？

當然有的，首先一樣要先由 Redmine 的設定來看起。

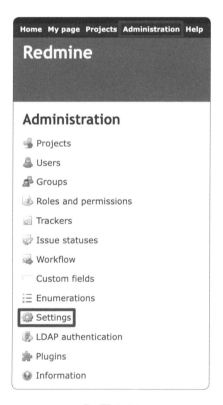

◎ 圖 3.31

請使用 Admin 權限的帳號，由上方點擊進入「Administration」後，選擇「Settings」就會進入到設定頁面。

◎ 圖 3.32

在 Authentication 的 頁 面 裡 面， 就 可 以 看 到「Two-Factor Authentication」的設定，Redmine 預設是 Optional，但是你也可以調整成其他設定，以下進行相關設定的説明：

🔎 設定為「Disabled」

就是不開啟雙重驗證，不過如果從其他開啟相關的選項改成這個選項，將停用並取消所有使用者帳號的雙重身份驗證設備綁定。

🔎 設定為「Optional」

允許使用者自行設定雙重身份驗證，除非他們的群組要求強制啟用雙重身份驗證。

$\mathcal{Q}$ 設定為「Required for Administrators」

此設定與「可選」類似，但會針對於具有管理權限的使用者帳號，系統將在他們下次登入時強制要求設定雙重身份驗證。

$\mathcal{Q}$ 設定為「Required」

系統將要求所有使用者帳號在下次登入時設定雙重身份驗證。

如果假設現在並沒有強制設定，而你自己想要進行設定可以嗎？當然也是可以的！

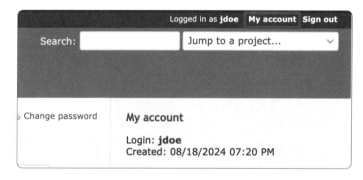

◎ 圖 3.33

首先請先從右上角 My Account 進入到個人資訊頁面。

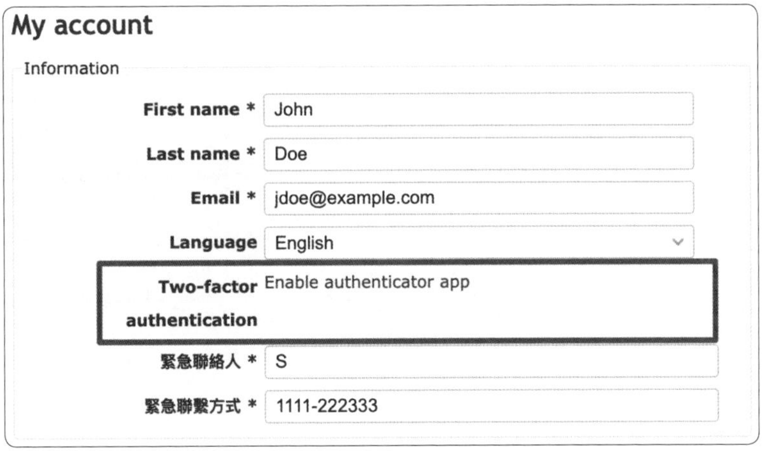

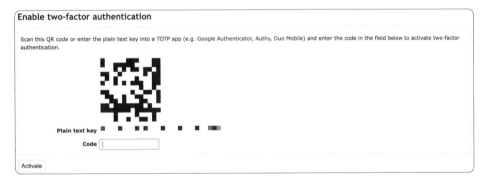

◎ 圖 3.34

在 Information 這個區塊，你就會看到 Two-Factor Authentication 的設定，點擊 Enable Authenticator App 就會進入到設定頁面。

Enable two-factor authentication

Scan this QR code or enter the plain text key into a TOTP app (e.g. Google Authenticator, Authy, Duo Mobile) and enter the code in the field below to activate two-factor authentication.

Plain text key

Code

Activate

◎ 圖 3.35

使用你的驗證碼 App 進行掃描，輸入對應的 Code 以後，你後續的登入就會被多要求做一個驗證碼囉！

MEMO

4 chapter

群組與角色權限管理

4-1

什麼是群組？主要功能、用途是什麼？

在 Redmine 中，群組是一個便於管理使用者帳號和分配權限的功能。透過建立和使用群組，管理員可以將多個使用者帳號集合在一起，並統一分配權限和管理操作。這會讓你在後續的專案管理和權限分配上可以更有效率、簡化步驟。

群組裡面把多個使用者帳號放在一起，當你要在專案裡面設定權限的時候，就可以一次性把多個使用者帳號分配相同的權限，而不需要逐一設定。當新員工加入時，你就只需將他們新增到適當的群組，新員工的使用者帳號就能自動獲得所需的權限，而不需要每個專案都要個別、依序的新增新員工。

另外群組也同時可以用來清楚呈現公司的組織結構，比如部門、團隊或者是職能都是可以的！

我們來舉一個例子，可能可以讓你更清楚這種感覺：

> 公司裡面有三個研發部門，分別是研發一處、研發二處、研發三處，另外還有一個 PM 部門叫做專管處。那麼我們的群組，就可以先以部門做區分來做歸類，在 Redmine 的群組清單，建置對應的四個群組。

當然！就算沒有建立群組，也不會影響你後續的權限設定，但是當公司人數、規模到一定人數的時候，建立群組會讓你在專案裡面新增成員帳號、權限的時候更加方便快速的唷！

小試身手案例實作 ·······································

假設你的團隊有 50 名成員，並且有 A、B、C、D 等 4 個專案需要同時進行管理。

☑ 沒有使用群組時

手動為每個成員設定專案 A、專案 B、專案 C 和專案 D 中的角色和權限，而且隨著專案的增加，需要重複這一過程，增加了管理的複雜度。

☑ 使用群組

根據部門或職能分組，如開發團隊、測試團隊、管理層等。

- ○ 建立群組「開發團隊」，並設定其擁有專案 A、專案 B 和專案 C 的「開發者」角色和權限。

- ○ 建立群組「測試團隊」，並設定其擁有專案 A 和專案 B 的「測試者」角色和權限。

- ○ 建立群組「管理層」，並設定其擁有所有專案的「管理員」角色和權限。

- ○ 將成員新增到相應的群組中。

利用群組設定，大幅度減少了重複的手動操作時間。當新成員加入或離開時，只需更新群組成員，而不需要逐個專案地調整權限。此外，當需要調整權限時，只需修改群組的權限設定，即可自動應用到所有成員，確保管理的統一性和一致性。

4-2

如何建立和管理群組？

◎ 圖 4.1

請使用 Admin 權限的帳號，由上方點擊進入「Administration」後，選擇「Groups」就會進入到群組頁面。

Groups

⊕ New group

Filters

Group: [   ] Apply ↻ Clear

	Group	Users
Anonymous users		
Non member users		

◎ 圖 4.2

在右上角點擊「New Group」按鈕，就會打開建立群組頁面。

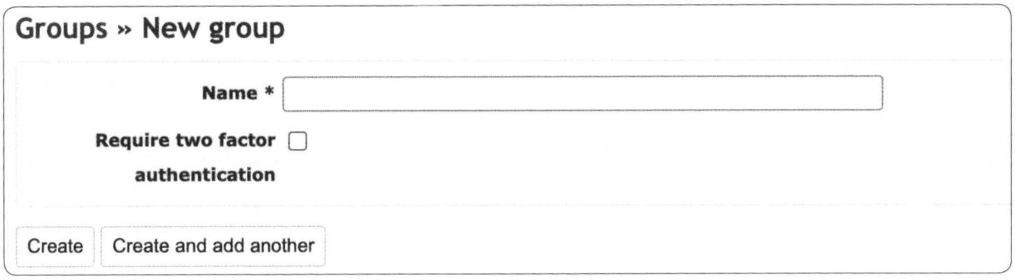

Groups » New group

Name * [   ]

Require two factor   ☐
authentication

[Create] [Create and add another]

◎ 圖 4.3

在「Name」字段中輸入群組名稱，例如「開發團隊」或「測試團隊」，
點擊「Create」按鈕就完成新增群組。

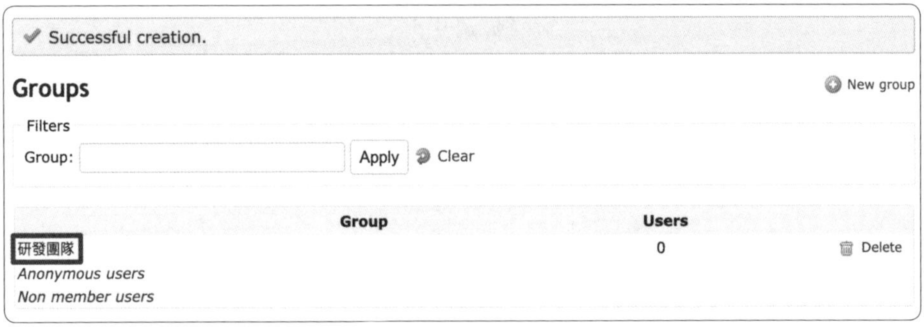

✓ Successful creation.

Groups

⊕ New group

Filters

Group: [   ] Apply ↻ Clear

	Group	Users	
研發團隊		0	🗑 Delete
Anonymous users			
Non member users			

◎ 圖 4.4

在群組列表中，點擊你剛剛建立的群組名稱，就會進入群組詳情頁面。

Groups » 研發團隊

| **General** | Users | Projects |

Name * 研發團隊

Require two factor ☐
authentication

Save

◎ 圖 4.5

在這邊你可以看到 General、Users、Projects 的設定分頁，如果我們要進行這個群組的使用者帳號和專案權限的新增、修改、刪除，就各自切換到對應的分頁。

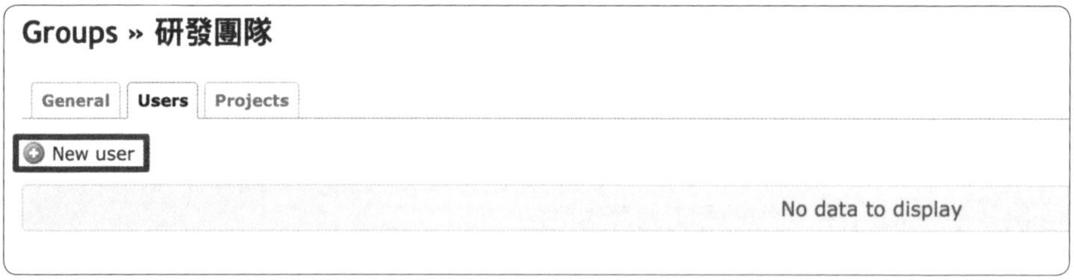

Groups » 研發團隊

| General | **Users** | Projects |

⊕ New user

No data to display

◎ 圖 4.6

點擊「New User」按鈕，就會打開新增使用者帳號頁面。

New user
Search for user:
Alice Smith
John Doe
Redmine Admin
(1-3/3)
Add
Cancel

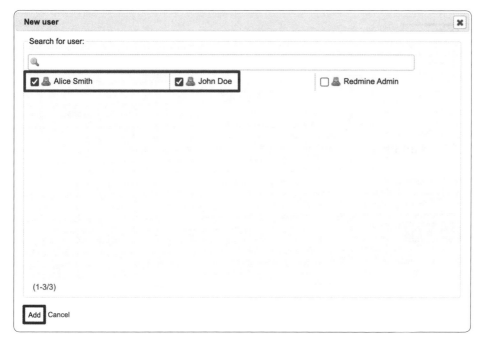

◎ 圖 4.7

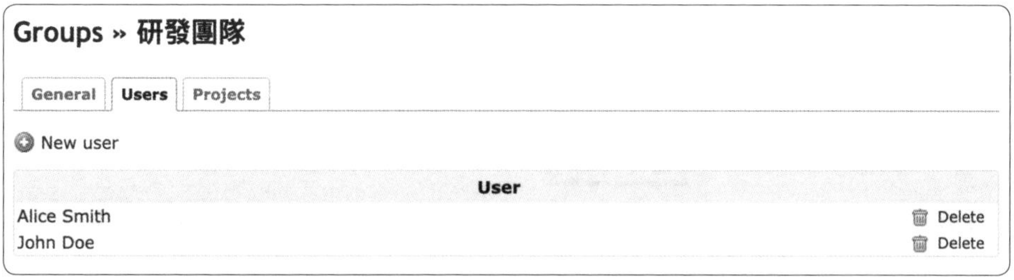

Groups » 研發團隊
General
Users
Projects
New user
User
Alice Smith
Delete
John Doe
Delete

◎ 圖 4.8

在使用者帳號視窗中，選擇你想新增到該群組的使用者帳號進行勾選後，點擊「Add」按鈕，使用者帳號將被新增到群組中囉！

◎ 圖 4.9

點擊「Add Projects」按鈕，就會打開新增專案的頁面。

◎ 圖 4.10

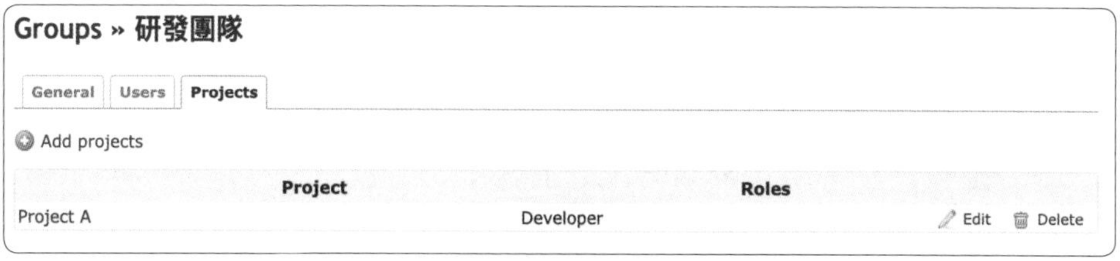

Groups » 研發團隊

| General | Users | **Projects** |

⊕ Add projects

Project	Roles		
Project A	Developer	✎ Edit	🗑 Delete

◎ 圖 4.11

在專案視窗中，選擇你想新增到該群組的專案和賦予的角色，然後點擊
「Add」按鈕，這個群組就被賦予專案與對應的權限啦！

4-3

群組成員能否自行退出群組？

答案是不行的唷！

群組在 Redmine 中的作用是將一組使用者集合在一起，方便專案管理
和權限分配。通過將使用者加入群組，管理員可以快速的為整個群組的
成員分配專案存取權限或其他系統權限，節省大量的手動操作時間。而
為了維持這種集中化的權限管理，所以 Redmine 並不允許群組成員自
行退出群組。這樣才能確保：

🔍 **權限的一致性**

避免出現某些使用者因意外或個人決定而導致其無法存取所需
的專案或資源。

○ 管理的可控性

> 管理員可以更清楚地掌握每個群組內的成員情況，並根據需要進行調整，防止權限分配過於分散。

所以不管是要新增或是移除，都需要具備 Admin 權限的使用者帳號才可以進行成員的新增、刪除！

4-4

群組裡面可以再加入群組嗎？

答案是「不可以的」。

在某些複雜的專案管理需求中，可能會希望透過將群組內嵌來達到更精細的權限控制。例如，你可能想要建立一個「開發部門」的群組，然後將「前端團隊」和「後端團隊」作為子群組添加進去。然而，Redmine 並不支援這樣的操作唷！

以上面的例子，我們可以直接就先以最小的單位去做群組建置，但是在名稱上做一點前綴，比如就會變成「開發部門－前端團隊」和「開發部門－後端團隊」，或是就把部門、前端團隊、後端團隊就各自建立一個群組。

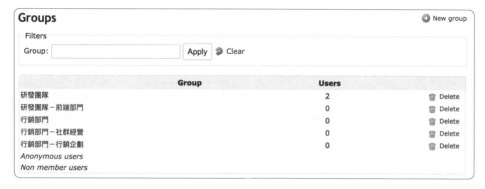

這樣在群組的排序上也會有所統一、一致，方便你後面要使用的時候很好找到！

4-5

群組預設有兩個不能刪除的 Anonymous users 匿名使用者和 Non member users 非成員使用者是什麼？

Group	Users	
研發團隊	2	🗑 Delete
研發團隊－前端部門	0	🗑 Delete
行銷部門	0	🗑 Delete
行銷部門－社群經營	0	🗑 Delete
行銷部門－行銷企劃	0	🗑 Delete
Anonymous users		
Non member users		

(◎) 圖 4.13

在 Redmine 中，系統會自動建立並預設兩個特殊的使用者群組：
Anonymous users（匿名使用者）和 Non member users（非成員使用者）。這兩個群組具有特殊的功能，並且無法被刪除

Anonymous users 匿名使用者

所謂的匿名使用者的群組，就是所有「未登入」帳號的使用者。這些使用者可能是存取你的 Redmine 伺服器的外部訪客，他們可以根據系統設定的權限，存取系統中公開的內容。

匿名使用者的存取權限通常非常有限。由於這些使用者無需經過身份驗證，因此為了安全性，Redmine 預設僅允許他們存取公開的內容，如公開的專案、議題、文件或 Wiki 頁面。具體的存取權限可以根據系統管理員的設定進行調整。例如，管理員可以設定匿名使用者只能檢視專案和議題，而無法進行任何新增或編輯議題等相關操作。

Non member users 非成員使用者

非成員使用者群組，是指所有「已登入」但沒有被分配到特定專案的使用者。這些使用者擁有 Redmine 帳號，但在某些專案中不具成員身份，因此對這些專案的存取權限通常會被限制。

非成員使用者的權限取決於系統和專案的設定。通常，非成員使用者可以檢視公開的專案和議題，但無法對這些專案進行修改、新增或編輯操作。管理員可以根據需要，設定非成員使用者在不同專案中的存取權限，這樣即使他們未被正式加入專案，也可以根據需要存取某些專案資源。

針對這兩個特別的預設使用者群組，可以可以如何進行對應的權限設定調整，請參考章節 4-10 和 4-13。

4-6

同一個專案下，同時擁有群組的權限與個別使用者的權限，會有什麼效果？

在 Redmine 中，同一個專案下，如果一個使用者同時擁有群組的權限和個別使用者的權限，系統會合併這些權限，並採取最寬鬆的權限設定。

意思是說，如果使用者同時擁有權限級別不同的設定時，就會是以最高的權限級別來賦予使用者，這樣才能讓使用者不會對自己的權限有所困惑，不過這也表示管理員對權限設定的設定必須要足夠的掌握度，才能避免權限過高的問題發生。

小試身手實際案例

Alice 屬於「開發團隊」群組，而這個群組擁有「檢視議題」和「建立工時」的權限。

除此之外，Alice 還被單獨分配了「專案管理員」的角色，這個角色包括「建立議題」、「編輯議題」和「刪除議題」的權限。所以在這種情況下，Alice 將會擁有以下權限：

- 🔍 檢視議題

- 🔍 建立工時

- 🔍 建立議題

- 🔍 編輯議題

- 🔍 刪除議題

由於權限是合併的，所以 Alice 將能夠執行「開發團隊」群組和「專案管理員」角色賦予的所有操作。

4-7

角色權限是什麼？

如果要以生活化的方式來詮釋角色權限，我們可以用連續劇來想像。每個不同的連續劇所擁有的不同角色，都會有他特定的角色定位，而這些角色的形象、行為如果有明確界定，你就會覺得這些人物很鮮明，也會讓這齣連續劇整體看起來很享受，在工作上的職權分配也是類似的。

因為每個人的職權、職責不同，所以我們當然一定是會讓不同的使用者擁有不同的功能操作和存取權限。所以在 Redmine 裡面，一個角色代表了一組特定的權限，例如「管理員」、「專案經理」或「資深工程師」，而每個角色都定義了一系列可執行的操作和可存取的資源，比如是否具備建立專案的能力、是否管理成員等等。

4-8

為什麼要有角色權限？

通常來説，公司對於每個職務一定會進行議題上的分工，比如，資深工程師會對於其他工程師進行 Code Review 等，HR 才可以編輯公司的人事規章，想想看，如果每個人都可以「編輯」人事規章，這樣真的會變成很混亂吧！

所以，角色權限的核心目的，就是要讓管理專案可以更組織性、安全性和效率，那麼透過角色權限的設定，就能幫助我們解決兩個重要的問題：

工作權限的混亂

角色權限讓我們能夠按照每個人的角色和職責，分配適當的權限。這樣，只有那些需要執行特定議題的人才能夠進行操作，從而減少了人為錯誤和混亂。

敏感資訊的洩漏

某些專案或資源可能包含機密資訊，不是每個人都應該有存取權限。通過角色權限，我們可以確保只有被授權的人才能夠檢視和修改這些敏感資訊。

4-9

Redmine 中的群組和現在的角色權限有什麼區別？

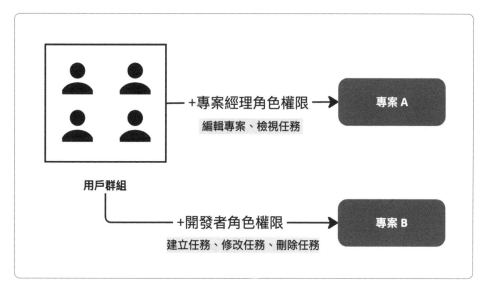

◎ 圖 4.14

✎ 群組：代表「誰」

群組是將多個「使用者帳號」組織在一起的集合，便於管理和分配權限。群組本身不擁有權限，而是用來將使用者聚集在一起。主要是可以用來簡化權限管理，當需要對一組使用者添加相同的權限時，可以將這些使用者帳號放入同一個群組中，然後為該群組設定權限。

✍ 角色權限：代表「做什麼」

角色是針對「權限設定」的集合，定義了使用者帳號在專案中可以執行的操作和權限。每個角色彼此間就能夠設定完全不同的權限設定，例如檢視專案、建立問題、管理版本等。主要由管理員為不同的專案成員設定不同的權限，並且每個使用者帳號可以在不同的專案擁有不同的角色。

簡單來說，群組是「使用者」的集合，而角色則是「權限」的集合，不管如何，兩者的存在都是為了方便、更有效的集中管理！

4-10

如何建立、管理角色權限？

◎ 圖 4.15

請使用 Admin 權限的帳號，由上方點擊進入「Administration」後，選擇「Roles and Permissions」就會進入到角色權限群組設定頁面。

◎ 圖 4.16

於右上角可以看到「New Role」，點擊以後就會進入到新增角色的頁面進行新增。

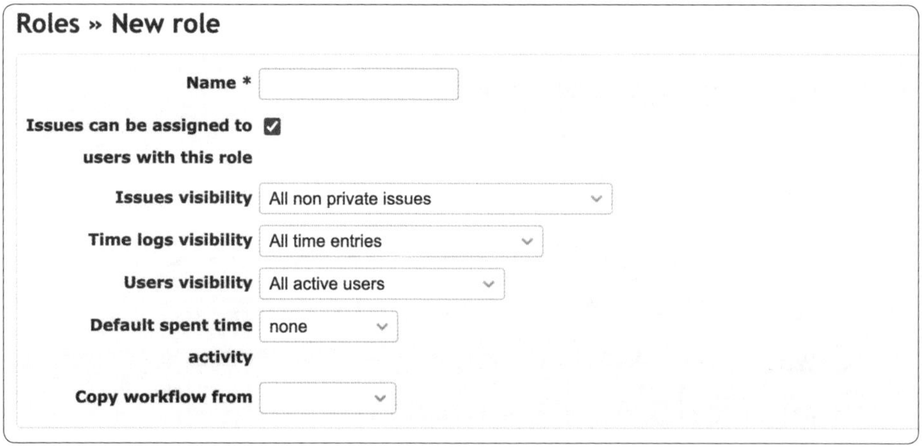

◎ 圖 4.17

除了 Name 的填寫以外，還有幾個選項可以進行設定：

○ Issues can be assign to users with this role

如果這邊有勾選，那麼只要被賦予這個角色權限的帳號，在議題裡面就可以被指派，所以反之如果沒有勾選，那麼就不會出現在指派清單裡面！

○ Issues visibility、Time logs visibility、Users visibility

這邊就是針對議題、工時和使用者帳號的檢視權限做一個設定，如果沒有特別需求的話，建議都先選擇預設選好的選項。

○ Default spent time activity

在填寫工時的時候，可以選擇工時類別，如果這個角色最常填寫的工時類型有特定選項，就可以幫忙設定，讓屬於這個角色的使用者，可以縮短一點填寫工時的時間。

○ Copy workflow from

因為在流程的設定裡面 Tracker、Role 是不可或缺的前置條件，所以當你要新增一個 Role，就會連帶著需要設定對應的 Workflow，這邊你可以先直接選一個現有的選項進行複製，後續再來進行編輯（請參考章節 6-7）。

而當然除了這些最基本的設定，往下細部還有可以很多可以設定的權限選項，請往下參考章節 4-11 ！

4-11

在角色權限設定中，有哪些功能權限可以設定？

在 Redmine 中，角色的權限設定是非常詳細的，這些權限涵蓋了專案管理、議題追蹤、文件管理等多個功能。以下對所有可以設定的權限選項進行彙整和簡單的解釋，你可以當作字典的方式來參照、思考你的角色應該要有哪些權限的分配！

🖉 Project

- Create project：允許使用者建立新的專案。

- Edit project：允許使用者編輯現有專案的名稱、描述等基本資訊。

- Close/reopen the project：允許使用者將專案標記為已關閉或重新開啟已關閉的專案。

- Delete the project：允許使用者刪除專案（注意：此操作不可逆）。

- Set project public or private：允許使用者設定專案的存取權限。

- Select project modules：允許使用者選擇專案中使用的模組，如議題追蹤、Wiki、檔案等。

- Manage members：允許使用者添加或移除專案成員，並分配角色。

- Manage versions：允許使用者建立、編輯或刪除專案中的版本。

- Create subprojects：允許使用者在現有專案下建立子專案。

- Manage public queries：允許使用者建立和管理專案中的公開查詢。

- Save queries：允許使用者保存自訂查詢。

Forums

- View messages：允許使用者檢視論壇中的訊息。

- Post messages：允許使用者在論壇中發佈新的訊息。

- Edit messages：允許使用者編輯已發佈的訊息。

- Edit own messages：允許使用者編輯自己發佈的訊息。

- Delete messages：允許使用者刪除論壇中的訊息。

- Delete own messages：允許使用者刪除自己發佈的訊息。

- View message watchers list：允許使用者檢視誰在監視特定的訊息。

- Add message watchers：允許使用者添加訊息監視者。

- Delete message watchers：允許使用者從訊息中移除監視者。

- Manage forums：允許使用者建立、編輯或刪除論壇。

☑ Calendar

- ○ View calendar：允許使用者檢視專案中的行事曆，顯示已排程的任務和事件。

☑ Document

- ○ View documents：允許使用者檢視專案中的文件。
- ○ Add documents：允許使用者上傳新文件到專案中。
- ○ Edit documents：允許使用者編輯現有文件的內容或屬性。
- ○ Delete documents：允許使用者刪除專案中的文件。

☑ Files

- ○ View files：允許使用者檢視專案中的檔案。
- ○ Manage files：允許使用者上傳、編輯或刪除專案中的檔案。

☑ Gantt

- ○ View gantt chart：允許使用者檢視專案中的甘特圖，顯示任務和時間安排。

☑ Issue Tracking

- ○ View Issues：允許使用者檢視專案中的議題列表及詳情。
- ○ Add issues：允許使用者在專案中建立新議題。

○ Edit issues：允許使用者修改現有議題的內容或屬性。

○ Edit own issues：允許使用者編輯自己建立的議題。

○ Copy issues：允許使用者複製現有的議題作為新議題。

○ Manage issue relations：允許使用者設定或修改議題之間的關聯，如父子關係或相關議題。

○ Manage subtasks：允許使用者管理議題的子任務。

○ Set issues public or private：允許使用者將議題標記為公開或私有。

○ Set own issues public or private：允許使用者將自己建立的議題標記為公開或私有。

○ Add notes：允許使用者在議題中添加備註。

○ Edit notes：允許使用者編輯議題中的備註。

○ Edit own notes：允許使用者編輯自己添加的備註。

○ View private notes：允許使用者檢視設定為私有的備註。

○ Set notes as private：允許使用者將備註設定為私有，只有特定人員可以檢視。

○ Delete issues：允許使用者刪除專案中的議題。

○ View watchers list：允許使用者檢視誰在監視特定的議題。

○ Add watchers：允許使用者添加議題監視者。

○ Delete watchers：允許使用者從議題中移除監視者。

○ Import issues：允許使用者通過匯入功能新增多個議題。

○ Manage issue categories：允許使用者建立或編輯議題的分類。

News

○ View news：允許使用者檢視專案中的新聞公告。

○ Manage news：允許使用者建立、編輯或刪除新聞公告。

○ Comment news：允許使用者對新聞公告進行評論。

Repository

○ View changesets：允許使用者檢視版本控制系統中的變更集。

○ Browse repository：允許使用者瀏覽版本控制儲存庫中的檔案和資料夾結構。

○ Commit access：允許使用者新增更改到版本控制系統中。

○ Manage related issues：允許使用者管理與版本控制相關的議題。

○ Manage repository：允許使用者管理專案的版本控制儲存庫設定。

Time Tracking

○ View spent time：允許使用者檢視專案成員記錄的工時。

○ Log spent time：允許使用者在議題中記錄已花費的時間。

- Edit time logs：允許使用者修改已記錄的工時。

- Edit own time logs：允許使用者修改自己記錄的工時。

- Manage project activities：允許使用者建立或編輯與工時相關的專案活動。

- Log spent time for other users：允許使用者為其他專案成員記錄工時。

- Import time entries：允許使用者通過匯入功能新增多個工時記錄。

Wiki

- View wiki：允許使用者檢視專案中的 Wiki 頁面。

- View wiki history：允許使用者檢視 Wiki 頁面的歷史版本。

- Export wiki pages：允許使用者將 Wiki 頁面匯出為其他格式。

- Edit wiki pages：允許使用者編輯現有的 Wiki 頁面內容。

- Rename wiki pages：允許使用者更改 Wiki 頁面的名稱。

- Delete wiki pages：允許使用者刪除不再需要的 Wiki 頁面。

- Delete attachments：允許使用者刪除 Wiki 頁面的附件。

- View wiki page watchers list：允許使用者檢視誰在監視特定的 Wiki 頁面。

- Add wiki page watchers：允許使用者添加 Wiki 頁面監視者。

- ○ Delete wiki page watchers：允許使用者從 Wiki 頁面中移除監視者。

- ○ Protect wiki pages：允許使用者設定 Wiki 頁面為受保護狀態，限制其他人編輯。

- ○ Manage wiki：允許使用者管理 Wiki 的設定和結構。

4-12

角色權限也可以對 Tracker 類型做額外的權限控制嗎？

一般來說不會特別去設定 Tracker 的權限，而且我們在設立一個新的 Role 的時候，這邊也都是預設所有的 Tracker 都可以做任何操作，但如果你有特別場景需求的話，當然是可以的！只要在權限設定的最下方，就可以看到如下圖的表格，你就依照你實際的狀況，來進行勾選調整。

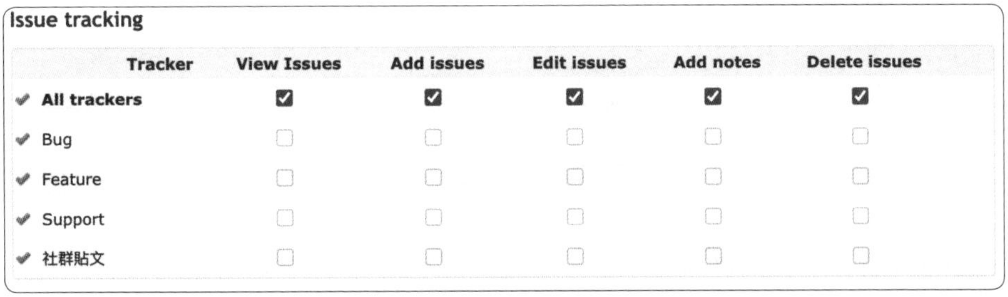

Issue tracking					
Tracker	**View Issues**	**Add issues**	**Edit issues**	**Add notes**	**Delete issues**
✔ **All trackers**	☑	☑	☑	☑	☑
✔ Bug	☐	☐	☐	☐	☐
✔ Feature	☐	☐	☐	☐	☐
✔ Support	☐	☐	☐	☐	☐
✔ 社群貼文	☐	☐	☐	☐	☐

◎ 圖 4.18

什麼情況下你可能會需要調整特定 Tracker 的權限呢？

○ 專案角色分工明確的情境

在一個團隊中，不同角色可能只負責特定的議題類型。例如，開發者可能只需要處理「Bug」和「Feature」的議題，而支援團隊只處理「Support」的議題。此時，你可以針對每個 Tracker 調整權限，確保各角色只能存取和操作與他們職責相關的議題類型。

○ 敏感或機密議題的處理

有時候，某些議題可能涉及到機密資訊（例如安全漏洞或內部策略），這些議題可能不適合所有人去檢視或編輯。這個時候，你就可以為這類 Tracker 設定只允許特定角色（比如：高層管理）來檢視和管理這些議題。

○ 客戶支援或外部合作伙伴參與

如果你的 Redmine 專案涉及到客戶支援或有外部合作伙伴的參與，你可能希望他們只存取和管理某些特定的議題類型（例如「Support」）。那你就可以為這些 Tracker 設定存取和編輯權限，以確保他們只能檢視或處理與他們相關的議題，而不會干擾內部的其他工作流程。

4-13

Anonymous users 和 Non member users 的權限設定跟其他設定有什麼差別？

一般我們自己可以新增的詳細權限與說明，可以參考章節 4-11，而這邊則列出這兩個預設特殊使用者群組，可以自行做的權限設定。

Project Permissions	Non member	Anonymous
Create project	V	
Edit project		
Close / reopen the project		
Delete the project		
Set project public or private		
Select project modules		
Manage members		
Manage versions		
Create subprojects		
Manage public queries		
Save queries	V	

Forums Permissions	Non member	Anonymous
View messages	V	V
Post messages	V	V
Edit messages		
Edit own messages	V	
Delete messages		
Delete own messages	V	
View message watchers list	V	V
Add message watchers	V	V
Delete message watchers	V	V
Manage forums		

Calendar Permissions	Non member	Anonymous
View calendar	V	V

Documents Permissions	Non member	Anonymous
View documents	V	V
Add documents	V	
Edit documents	V	
Delete documents	V	

File Permissions	Non member	Anonymous
View files	V	V
Manage files	V	

Gantt Permissions	Non member	Anonymous
View gantt chart	V	V

Issues Permissions	Non member	Anonymous
View Issues	V	V
Add issues	V	V
Edit issues	V	V
Edit own issues	V	V
Copy issues	V	V
Manage issue relations	V	V
Manage subtasks	V	V
Set issues public or private	V	V
Set own issues public or private	V	
Add notes	V	V
Edit notes	V	
Edit own notes	V	
View private notes		
Set notes as private		
Delete issues		

Issues Permissions	Non member	Anonymous
View watchers list	V	V
Add watchers	V	V
Delete watchers	V	V
Import issues	V	V
Manage issue categories		

News Permissions	Non member	Anonymous
View news	V	V
Manage news		
Comment news	V	V

Repository Permissions	Non member	Anonymous
View changesets	V	V
Browse repository	V	V
Commit access	V	V
Manage related issues	V	V
Manage repository		

Time Tracking Permissions	Non member	Anonymous
View spent time	V	V
Log spent time	V	
Edit time logs		

Time Tracking Permissions	Non member	Anonymous
Edit own time logs	V	
Manage project activities		
Log spent time for other users	V	V
Import time entries	V	V

Wiki Permissions	Non member	Anonymous
View wiki	V	V
View wiki history	V	V
Export wiki pages	V	V
Edit wiki pages	V	V
Rename wiki pages		
Delete wiki pages		
Delete attachments	V	V
View wiki page watchers list	V	V
Add wiki page watchers	V	V
Delete wiki page watchers	V	V
Protect wiki pages		
Manage wiki		

在一開始 Redmine 建置完畢的時候，就已經有進行基礎的權限設定，如果你想要調整，可以先參考這邊的表格，來思考可以怎麼妥善的運用這種特殊的使用者！

MEMO

5
chapter

專案管理

5-1

有誰可以建立專案？如何建立專案？

在 Redmine 中，專案的建立權限是由系統管理員和具有特定權限的使用者帳號來決定的。

☑ 系統管理員

◎ 圖 5.1

首先我們需要使用具備 Admin 權限的帳號登入 Redmine，點擊左上角的「Administration」進入管理頁面，選擇「Projects」。

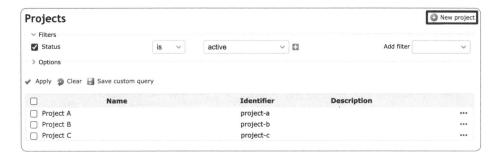

◎ 圖 5.2

點擊「New Project」就可以來建立一個新的專案囉！

✎ 具有專案建立權限的使用者帳號

Home **My page Projects** Help

Redmine   Search:

Projects **Activity** **Issues** **Spent time** **Gantt** **Calendar** **News**

Projects   ⊕ New project

⌄ Filters
☑ Status   is ⌄   active   ⌄ ⊞   Add filter   ⌄
⟩ Options

✔ Apply ⟲ Clear ▣ Save custom query

Project A	Project C 🔖

🔖 My projects 🔖 My bookmarks

Also available in: 🔗 Atom

◎ 圖 5.3

如果是具備專案建立權限的使用者帳號，他在 Project 的頁面右上角，
就會可以看到「New Project」的選項來建立新專案。

5-2

如何給一般使用者帳號具備專案建立權限?

◎ 圖 5.4

請使用 Admin 權限的帳號,由上方點擊進入「Administration」後,選擇「Roles and Permissions」就會進入到角色權限群組設定頁面。

◎ 圖 5.5

選擇想要調整的角色，點擊進去進行編輯。

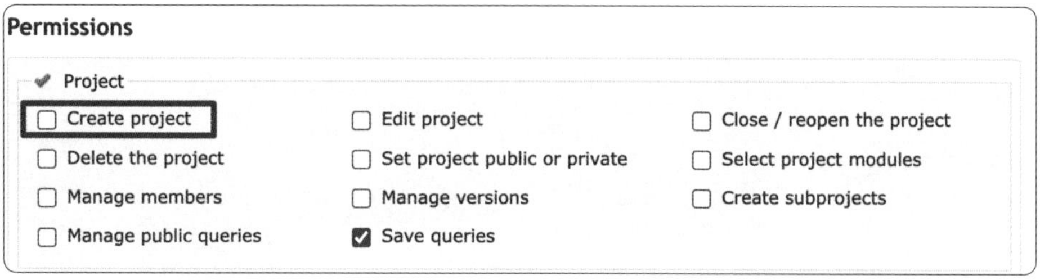

◎ 圖 5.6

在 Permissions 區塊中，找到 Project 的選項，把第一個「Create Project」選項勾選起來，就賦予這個角色權限可以建立專案的權限啦！

5-3

建立專案的時候，有很多 **Module** 可以選擇，他們各自是什麼樣的功能呢？

✍ Issue Tracking

◎ 圖 5.7

Issue Tracking 是 Redmine 最核心的功能，應該幾乎所有專案都會用到它。你可以用這個功能來管理專案中的任務，比如追蹤 Bug、功能請求或其他工作項目。這個模組適合那些需要清楚記錄和追蹤工作進度的專案，像是軟體開發。如果你的專案需要處理各種任務和問題，那這個功能一定要打開。但如果你只是需要一個簡單的地方來分享文件或資訊，那麼你可能不需要開啟這個模組。

Time Tracking

Spent time
Log time
Filters
Date
any
Add filter
Options
Apply
Clear
Save custom query
Details
Report
Hours: 8:30
Date
User
Activity
Issue
Comment
Hours
08/19/2024
R D
Development
6:30
08/18/2024
R D
Design
2:00
(1-2/2)
Also available in: Atom | CSV

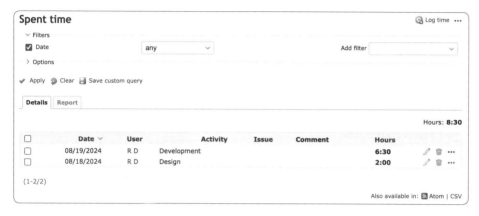

圖 5.8

Time Tracking 讓你可以記錄大家在專案上花了多少時間，還可以生成報告。這對於那些需要計算工時、報告進度的專案非常有用。如果你的專案需要記錄每個人投入了多少時間，這個功能就很適合。但如果時間追蹤對你來說不是那麼重要，你也不需要開啟這個模組。

News

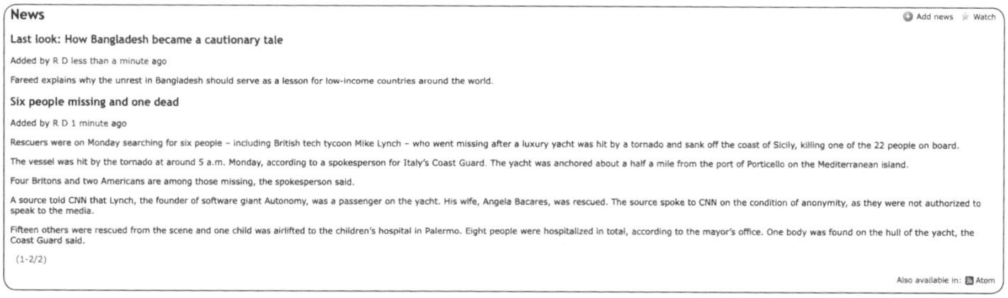

News
Add news
Watch
Last look: How Bangladesh became a cautionary tale
Added by R D less than a minute ago
Fareed explains why the unrest in Bangladesh should serve as a lesson for low-income countries around the world.
Six people missing and one dead
Added by R D 1 minute ago
Rescuers were on Monday searching for six people – including British tech tycoon Mike Lynch – who went missing after a luxury yacht was hit by a tornado and sank off the coast of Sicily, killing one of the 22 people on board.
The vessel was hit by the tornado at around 5 a.m. Monday, according to a spokesperson for Italy's Coast Guard. The yacht was anchored about a half a mile from the port of Porticello on the Mediterranean island.
Four Britons and two Americans are among those missing, the spokesperson said.
A source told CNN that Lynch, the founder of software giant Autonomy, was a passenger on the yacht. His wife, Angela Bacares, was rescued. The source spoke to CNN on the condition of anonymity, as they were not authorized to speak to the media.
Fifteen others were rescued from the scene and one child was airlifted to the children's hospital in Palermo. Eight people were hospitalized in total, according to the mayor's office. One body was found on the hull of the yacht, the Coast Guard said.
(1-2/2)
Also available in: Atom

圖 5.9

News 模組讓你可以在專案內發佈公告或更新，這樣團隊成員就能即時知道專案的最新進度或是重要事件的宣布。如果你想在專案中有一個專門的地方來發佈更新或公告，那麼這個功能就很實用；但如果你平時用其他工具（比如即時消息或電子郵件）來溝通，也許就不需要這個模組了。

📝 Documents

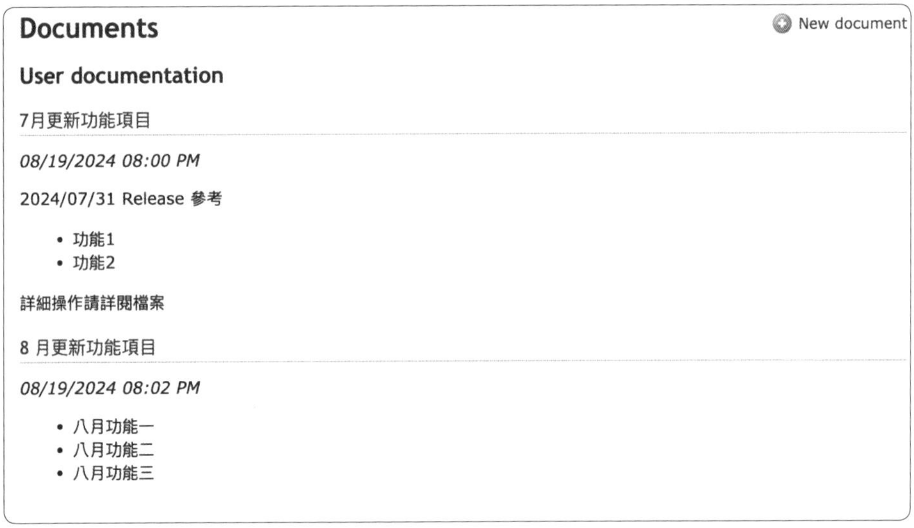

Documents　　　　　　　　　　　　　　　　　　⊕ New document

User documentation

7月更新功能項目

08/19/2024 08:00 PM

2024/07/31 Release 參考

- 功能1
- 功能2

詳細操作請詳閱檔案

8 月更新功能項目

08/19/2024 08:02 PM

- 八月功能一
- 八月功能二
- 八月功能三

◎ 圖 5.10

Documents 模組讓你可以在專案新增、撰寫各種文件，比如設計文件、手冊等等。如果你的專案需要大家共享和管理很多文件，那麼這個模組是必須的。但如果你已經在用其他工具來管理文件，或者專案不需要太多文件管理，這個模組可以不用開啟。

Files

Files　　⊙ New file

File ︿	Date	Size	D/L	Checksum	
14012-b_221103.jpeg	08/19/2024 08:03 PM	413 KB	2	SHA256: 98f4a73fcd367739b1a1aa4c9eb2cf9545c07f2e77654ff4a58de1c7512fd9e0	⬇ 🗑
d2699969.jpg	08/19/2024 08:03 PM	104 KB	2	SHA256: b37f3a18e0518ca09a61a8c48c14c3f96e8e8076766e3eb0211f76c23ad81c19	⬇ 🗑

◎　圖 5.11

Files 模組是用來上傳和管理各種檔案的，比如設計圖、軟體安裝包等。如果你的專案經常需要大家上傳和共享這些檔案，這個功能會非常有用。反之，如果你已經用其他工具來處理這些檔案，或者根本不需要管理這些檔案，那麼就可以關掉這個模組。

Wiki

Wiki　　　　　　　　　　　　　　　　　　　　　　　　　　　　　　✎ Edit　☆ Watch ⋯

以下是一個範例 Redmine Wiki 的內容，你可以用來做 Demo。這些內容涵蓋了項目介紹、使用指南、技術文件和常見問題解答等方面，適合作為專案 Wiki 的基礎結構。

Wiki 首頁

歡迎來到「燃燃科技」專案的 Wiki！這裡是專案相關資訊的集中地，包含使用指南、技術文檔、流程說明以及常見問題解答。請依據左側目錄或以下連接進入各個子頁面。

目錄

- 專案簡介
- 使用指南
- 技術文檔
- 流程說明
- 常見問題解答（FAQ）
- 聯繫我們

專案簡介

「燃燃科技」專案旨在開發下一代智能硬體解決方案，滿足未來家庭和企業的多樣化需求。本專案聚焦於以下幾個核心領域：

- 物聯網（IoT）設備開發
- 智能家居自動化
- 數據安全與隱私保護
- 人工智慧（AI）整合

此專案的目標是於未來兩年內完成產品的設計、測試及市場推廣。

使用指南

1. 設置與安裝

在開始使用本專案的軟體之前，請確保你已經完成以下步驟：

　　1. **下載軟體**：從 下載頁面 取得最新版本的軟體安裝包。

◎　圖 5.12

Wiki 模組讓團隊可以一起編輯和維護專案的文件，像是技術規範、流程指南之類的。如果你的專案需要大家協作編寫文件，Wiki 是非常好用的工具。特別是如果你需要建立一個知識庫來記錄重要的資訊，這個功能一定要開。但如果你的專案不需要這種文件編寫功能，或是你用別的工具來做這件事，那麼這個模組可以不用開。

🖊 Repository

Repository 模組讓你可以把專案連接到版本控制系統，像是 Git 或 SVN 等等，然後直接在 Redmine 裡面檢視程式碼變更的關聯。如果你的專案特別需要把專案程式碼的變更和議題追蹤結合起來，這個模組就很有用。但如果你的專案不使用版本控制系統，這個模組就不必開啟。

🖊 Forums

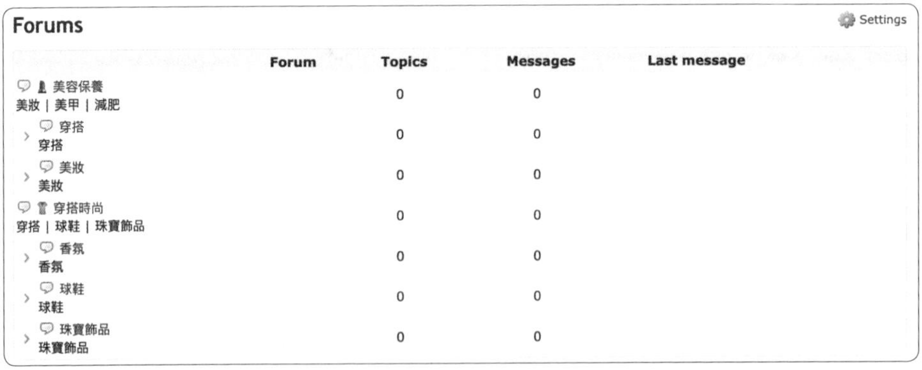

Forums	Forum	Topics	Messages	Last message	⚙ Settings
💬 🧴 美容保養 美妝 ｜ 美甲 ｜ 減肥		0	0		
💬 穿搭 穿搭		0	0		
💬 美妝 美妝		0	0		
💬 🗣 穿搭時尚 穿搭 ｜ 球鞋 ｜ 珠寶飾品		0	0		
💬 香氛 香氛		0	0		
💬 球鞋 球鞋		0	0		
💬 珠寶飾品 珠寶飾品		0	0		

◎ 圖 5.13

Forums 模組是一個讓團隊成員討論和交換資訊的地方，基本上就是論壇的概念。這個功能很適合那些需要長期討論、分享想法的專案，特別是團隊分散在各地時。如果你覺得需要一個正式的討論區來進行溝通和記錄，那就開啟這個模組功能吧；但如果你已經在用其他工具來討論，這個模組就可以不開了！

🖉 Calendar

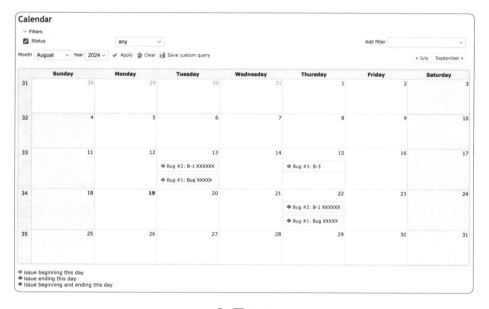

◎ 圖 5.14

Calendar 模組給你一個專案的日曆視圖，讓你可以看到所有的議題安排，這對於需要詳細計劃和跟蹤進度的專案很有幫助，如果你需要一個視覺化的工具來管理專案的各類事件和截止日期，那就開啟它！

✍ Gantt

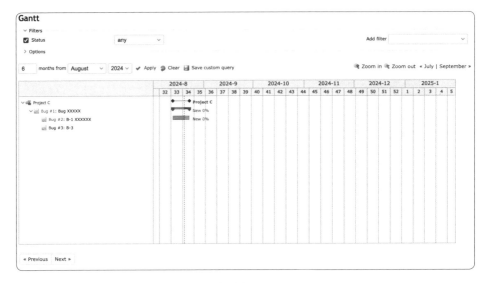

◎ 圖 5.15

Gantt 模組提供了一個甘特圖，讓你可以圖形化地看到專案的時間安排和進度。如果你的專案有很多任務，而且它們之間有很複雜的依賴關係，這個模組會很有幫助。反之，如果你的專案管理不需要這種圖形化展示，或者你已經在用其他工具來管理進度，這個模組可以不用開。

5-4

Redmine 可以建立上下階層的專案嗎？

在 Redmine 中，是可以建立具有層級結構的專案，即父子專案（上下階層專案）的！

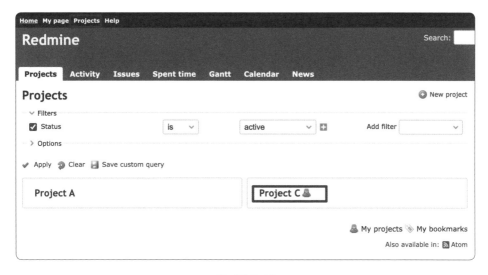

◎ 圖 5.16

先進入到 Projects 頁面，選擇要添加子專案的專案項目點擊進入。

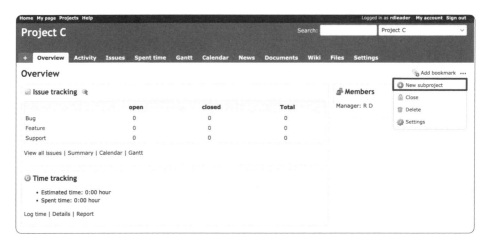

◎ 圖 5.17

在該專案的右上角三點功能中，就可以找到「New Subproject」的選項進行添加。

你可以怎麼應用上下階層專案呢？幾個可以建議拆解的方向給你參考：

依照部門、職務

例如，一個軟體開發專案可以分為前端開發、後端開發和測試等子專案。

依照時間限制

比如第一季專案、第二季專案，除了可以幫助你可以更清楚地知道時間範疇外，也可以讓你更專注在特定時間內的專案與議題。

如何設定專案的存取權限？

| Projects | Activity | Issues | Spent time | Gantt | Calendar | News |

Projects   ⊕ New project

⌄ Filters
☑ Status   is ⌄   active ⌄ ➕   Add filter ⌄
> Options

✔ Apply ⟳ Clear 💾 Save custom query

| Project A | Project C 🔒 |

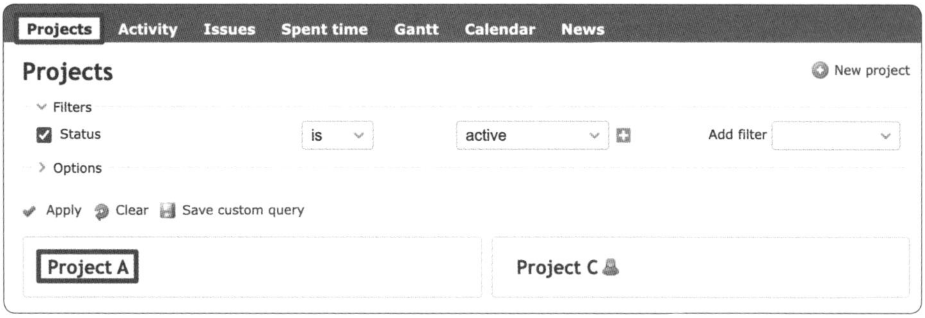

◎ 圖 5.18

在你所屬的專案內，切換到「Setting」的功能分頁，選擇第二個
「Members」公能分頁，就可以看到「New Member」的選項。

New member   ✕

Search for user or group:

🔍

☐ Alice Smith   ☐ Redmine Admin   ☐ 🏢 Anonymous users   ☑ 🏢 研發團隊－前端部門   ☐ 🏢 行銷部門－社群經營
☐ John Doe   ☐ 🏢 Non member users ☐ 🏢 研發團隊   ☐ 🏢 行銷部門   ☐ 🏢 行銷部門－行銷企劃

(1-10/10)

✔ Roles
☐ Manager   ☐ Developer   ☑ Reporter

Add Cancel

◎ 圖 5.19

將你要添加的使用者帳號或是群組和要賦予的角色權限進行勾選，點擊「Add」以後，就可以添加新的使用者帳號、群組到這個專案。

◎ 圖 5.20

也可以直接進行編輯來做調整，如果添加錯誤也可以進行刪除，不用擔心。

5-6

專案有哪些狀態？他們有哪些差異？

基本上 Redmine 的專案有 3 個狀態，以下進行介紹！

Active

這是專案的預設狀態。處於「啟用」狀態的專案表示專案正在進行中，所有的專案功能都是可用的，包括議題管理、文件分享、時間追蹤等等。

✒️ Closed

當一個專案完成或不再需要進行時,可以將專案設定為「關閉」。關閉的專案意味著該專案已結束,理論上不再接受新的議題或更新,但仍然保留在系統中以供檢視,Admin 權限帳號或具有關閉專案權限的使用者帳號可以將專案標記為「關閉」。

✒️ Archived

此為封存狀態,當你對一個專案進行封存後,專案的所有資料依然存在,但是專案不會顯示在普通使用者的專案列表中,並且所有操作被禁用。只有系統管理員或具有特殊權限的使用者可以檢視和恢復封存的專案。

5-7

非成員、匿名使用者對於專案有什麼特別的差異？

在專案清單有提到，專案本身也有分公開和非公開，那這樣如果使用非成員使用者、匿名使用者的話，會是如何呢？

這兩種使用者對於專案的檢視狀況會是像下面表格呈現：

	Non Member	Anonymous
公開專案	看得到	看得到
非公開專案	看不到	看不到

簡單來說，你只要把專案設定為「公開專案」，那麼專案內容都會被「任何形式」的使用者可以檢視，至於在專案裡面還可以做什麼操作，就看你有沒有額外給予角色權限的設定，詳細可以參考章節 4-13。

5-8

該如何區分出來哪些專案自己才是真的有加入呢？

◎ 圖 5.21

你可以在清單列表的名稱上面，看到一個小人物的圖示，那就表示你是明確有被新增在這個專案的成員清單，如果沒有看到小人的圖示，就表示你並不是該專案的成員，可以用這樣的方式來識別。

MEMO

chapter

6

工作流程與議題管理

6-1

從哪裡可以新增議題？

在 Redmine 中最主要有兩個入口可以新增議題。

✎ 入口一：直接在最外層新增議題

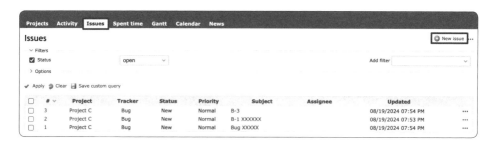

◎ 圖 6.1

在 Redmine 的上方點擊「Issues」，然後點擊「New issue」。

◎ 圖 6.2

就可以成功進入到新增議題的頁面。

✍ 入口二：進入專案以後才新增議題

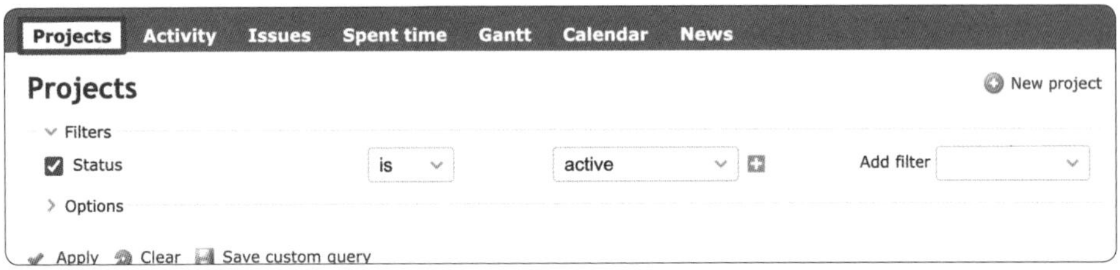

◎ 圖 6.3

在 Redmine 的上方點擊「Projects」後，找到你要新增議題的專案。

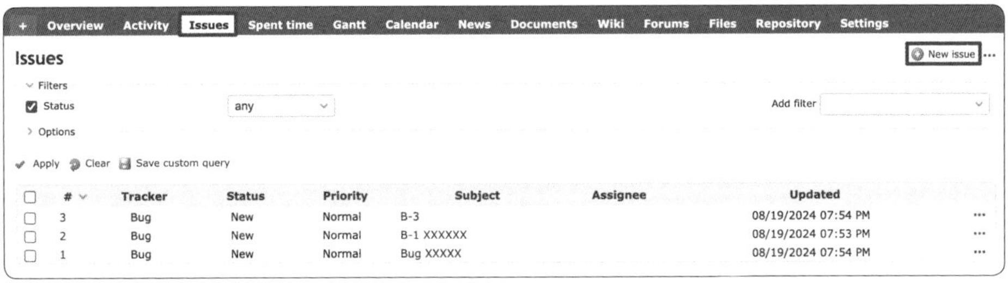

◎ 圖 6.4

進入以後點擊「Issues」後，點擊「New issue」。

◎ 圖 6.5

一樣也進入到新增議題的頁面囉！

這兩個方法的差異就在於你進入新增議題頁面以後，還需不需要額外再選專案，如果你在最外層新增，那麼當然就要選擇這個議題的所屬專案，如果你已經選好專案才新增議題，當然你就可以少填寫專案的欄位囉！

6-2

議題的指派一定只能給單一個帳號嗎？可以指派給群組嗎？

Bug #3

Change properties

Tracker *	Bug
Subject *	B-3
Description	✏ Edit
Status *	New
Priority *	Normal
Assignee	✓
	<< me >>
	R D

Assign to me

◎ 圖 6.6

一般來說在議題裡面我們要進行任務指派的時候，都只能看到指定單一
使用者帳號，但是其實我們也是可以指派給一個群組的唷！這部分只需
要開啟相關的設定，你就可以指派給群組！

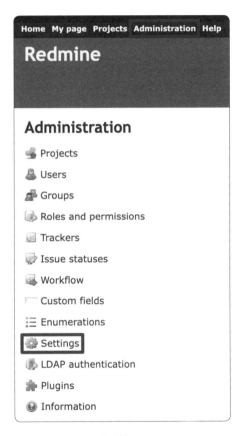

◎ 圖 6.7

使用 Admin 權限的帳號，由上方點擊進入「Administration」後，選擇
「Settings」就會進入到設定頁面。

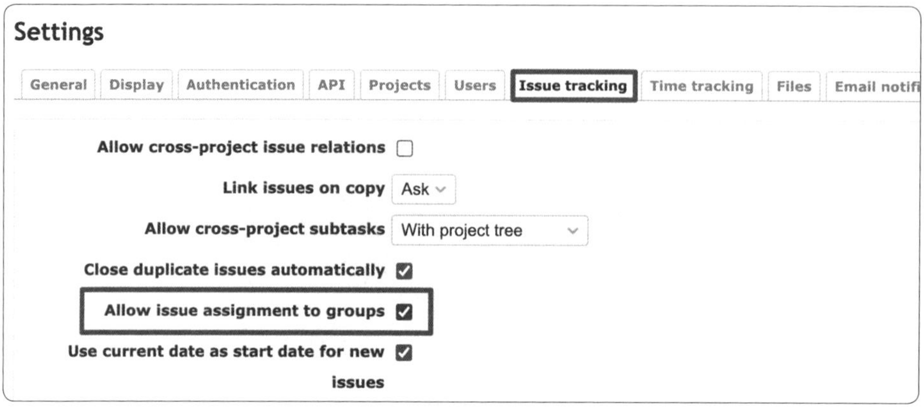

Settings

| General | Display | Authentication | API | Projects | Users | **Issue tracking** | Time tracking | Files | Email notifi |

Allow cross-project issue relations ☐

Link issues on copy [Ask ∨]

Allow cross-project subtasks [With project tree ∨]

Close duplicate issues automatically ☑

Allow issue assignment to groups ☑

Use current date as start date for new ☑
issues

◎ 圖 6.8

選擇「Issue Tracking」的功能分頁，可以看到一個「Allow Issue Assignment To Groups」，請把他進行勾選並且儲存。

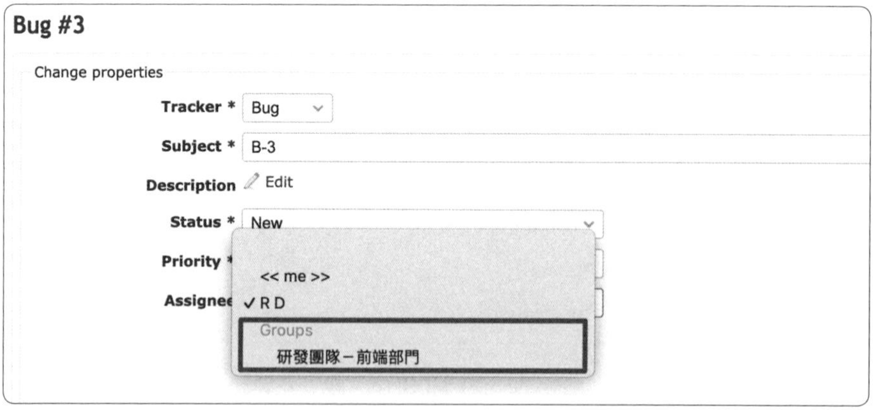

Bug #3

Change properties

Tracker * [Bug ∨]

Subject * [B-3]

Description ✎ Edit

Status * [New ∨]

Priority *

Assignee ✓ R D

<< me >>

Groups
研發團隊－前端部門

◎ 圖 6.9

這時候回到議題裡面進行指派，就會發現有出現 Group 選項可以給你選擇囉！

6-3

議題之下可以再建立子議題嗎？

在 Redmine 中，議題管理是一個核心功能，而「子議題」則是這一功能的重要延伸。子議題讓你可以將一個大的任務或問題分解為更小、更具體的部分，從而更有效地管理專案中的複雜工作流程。因此，答案是肯定的！當然可以！

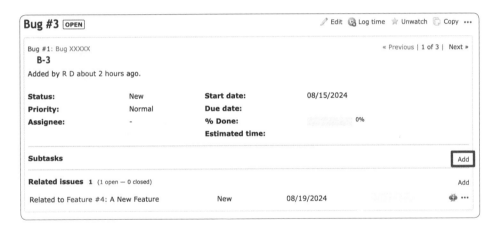

◎ 圖 6.10

你在已經存在的議題裡面，就可以看到 Subtask 的區域，最右側進行 Add 就可以新增你的子議題囉！

◎ 圖 6.11

一旦子議題被建立，你可以在父議題的詳細頁面中檢視所有相關的子議題。這些子議題通常會以列表的形式展示，並且你可以直接在這裡檢視它們的狀態、進度、指派人員等等資訊。而在設定子議題時，要小心注意不要將任務過度分解，過於碎片的任務會造成管理上的負擔唷！

6-4

Related Issues 與 Subtasks 的差別在哪裡？

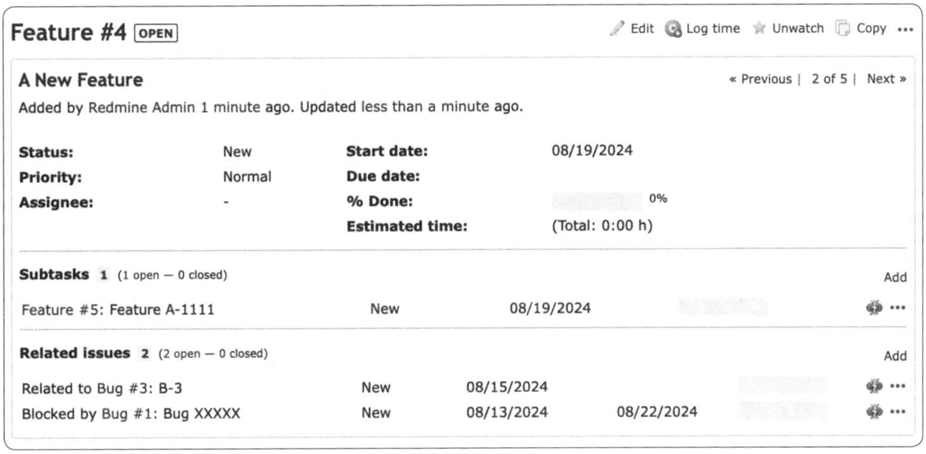

Feature #4 OPEN   🖊 Edit 🔍 Log time ⭐ Unwatch 📋 Copy •••

A New Feature   « Previous | 2 of 5 | Next »
Added by Redmine Admin 1 minute ago. Updated less than a minute ago.

Status:	New	Start date:	08/19/2024
Priority:	Normal	Due date:	
Assignee:	-	% Done:	0%
		Estimated time:	(Total: 0:00 h)

Subtasks 1 (1 open — 0 closed)   Add
Feature #5: Feature A-1111   New   08/19/2024   ⚙ •••

Related issues 2 (2 open — 0 closed)   Add
Related to Bug #3: B-3   New   08/15/2024   ⚙ •••
Blocked by Bug #1: Bug XXXXX   New   08/13/2024   08/22/2024   ⚙ •••

◎ 圖 6.12

在 Redmine 的議題之間的連結可以分兩類，一個是「Subtasks」，另一個是「Related Issues」，雖然這兩者看起來很相似，但它們在專案管理上的意義、用途、層次關係以及管理方式是完全不同的概念唷！

Related Issues

議題關聯功能允許你在兩個或多個議題之間建立一種非上下層次性的連結，更多是用來表示這些議題之間有某種邏輯或操作上相依關係，而 Redmine 提供了幾種類型的議題關聯：

Related To

這表示兩個議題之間有某種關聯性，但彼此並不依賴對方完成。這種關聯通常用於表達議題之間的邏輯關係，例如兩個議題可能都涉及同一個功能區域，但它們是獨立的任務。

Blocks/Blocked By

如果一個議題阻塞另一個議題，這意味著後者不能完成，直到前者被解決。這種關聯用於表達任務之間的依賴性，比如 Bug 必須修復後，相關的功能開發才能繼續。

Is Duplicates Of/Has Duplicate

這用於表示某個議題是另一個議題的重複。這種情況常見於多個人報告了相同的問題或需求。

Follows/Precedes

這表示一個議題在另一個議題完成後才應該開始，這種關聯通常用於表示任務的順序。

○ Copied to/Copied from

這表示一個議題被複製到另一個議題，或者是從另一個議題複製過來。這種關聯通常用於在不同專案或上下文中重用相同的工作項目。這與 Duplicate 議題有點不同，因為它強調的是議題之間的源與目標的關係。

☑ Subtasks

子議題就是一種「層次」的關係，它表示一個議題是另一個更大議題的一部分。子議題通常用於將複雜的任務分解為更小、更可管理的部分。這種設定有助於將大任務細分，讓團隊成員能夠集中處理更具體的工作，同時仍保持對整體目標的追蹤。

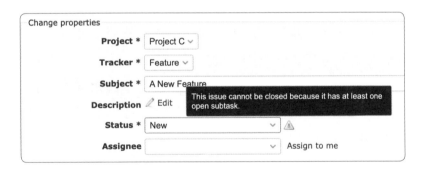

◎ 圖 6.13

而當你有設定子議題的時候，子議題的狀態通常會影響父議題的整體狀態。例如，所有子議題完成後，父議題才能被標記為完成。因此，子議題有助於追蹤複雜任務的進度，並確保每個小步驟都得到處理。

6-5

議題關聯的 Duplicates/Duplicated by 和 Copied to/Copied from 差異在哪裡？

✑ Duplicates/Duplicated by

這個關聯類型，是用於表示某個議題是另一個議題的重複，而且這兩個議題實際上描述的是同一個問題或任務，只是可能是不同的使用者來分別新增的相同內容。

比如我們現在專案團隊正在開發一個軟體，兩個不同的使用者分別新增了兩個 Bug 報告，分別是議題 A 和 B，但是你檢查以後發現議題 A 和議題 B 實際上回報的都是是同一個問題，因此你可以設定議題 B 為議題 A 的「Duplicated by」，這樣會標明議題 B 是議題 A 的重複，並將兩者關聯在一起。這樣處理可以防止團隊在解決相同問題上浪費多餘的精力，並集中處理一個核心議題。

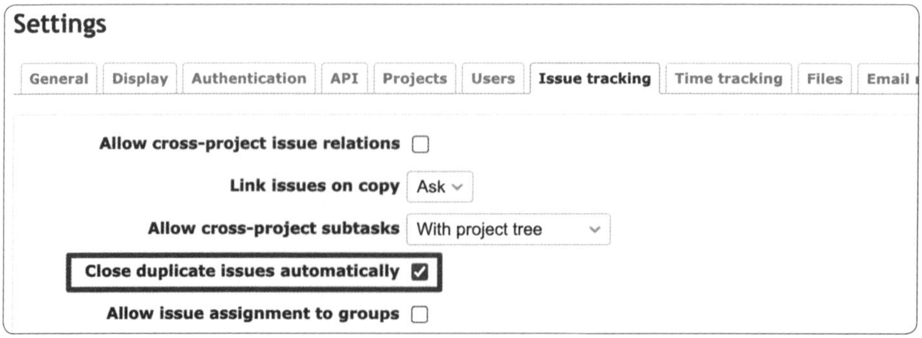

Settings

| General | Display | Authentication | API | Projects | Users | **Issue tracking** | Time tracking | Files | Email |

Allow cross-project issue relations ☐

Link issues on copy Ask ⌄

Allow cross-project subtasks With project tree ⌄

Close duplicate issues automatically ☑

Allow issue assignment to groups ☐

◎ 圖 6.14

另外在 Redmine 的預設設定上，就會特別將 Duplicated 關聯的 Issue 做關閉的連結，如果以剛剛上面的案例來看，你只要關閉了議題 A，那麼議題 B 同時就也會被關閉，你看這樣是不是超方便的！

Copied to/Copied from

這個關聯類型是用於表示一個議題被複製到另一個議題，或從另一個議題複製過來。這種關聯更多的是強調議題之間的來源與目標的關係，並非真的重複。通常用於需要在不同的上下文或專案中重用相同的工作項目。

假設你有一個設計團隊，他們為公司的 A 專案中設計了一個新功能議題 C。後來，產品團隊認為這個設計也適用於另一個 B 專案，但可能需要做一些修改或調整。這時，你可以從議題 C 中複製出一個新的議題 D，並將其用於 B 專案的設計工作。

在這種情況下，議題 D 是基於議題 C 的工作複製過來的，你可以設定議題 D 的關聯為「Copied from 議題 C」，而議題 C 則會顯示「Copied to 議題 D」。這樣，團隊就能清楚地看到議題 D 是基於議題 C 而產生出來的任務，但又是專門針對另一個專案或上下文的變形！

6-6

議題可以跨專案關聯或設定子任務嗎？還是只能同一個專案？

Redmine 預設是不可以的，但是只要有開啟設定以後，就可以囉！

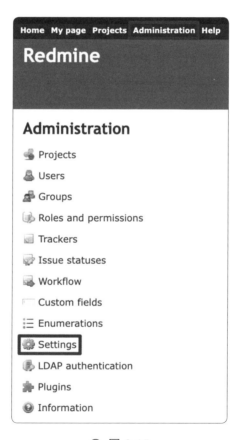

◎ 圖 6.15

請使用 Admin 權限的帳號，由上方點擊進入「Administration」後，選擇「Settings」就會進入到設定頁面。

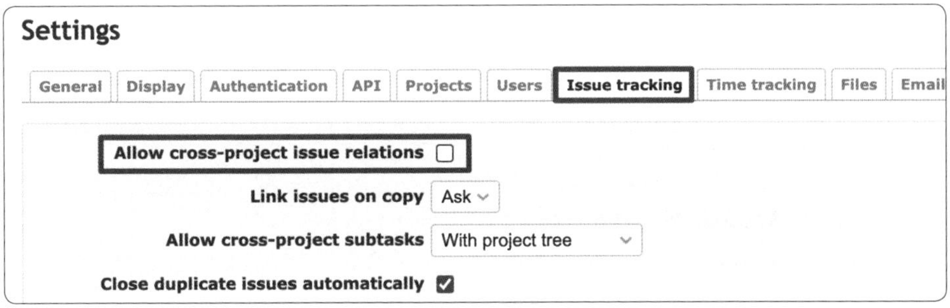

◎ 圖 6.16

選擇 Issue Tracking 的功能頁籤後，把「Allow cross-project issue relations」進行勾選，這時候你要關聯的議題就可以跨專案了！

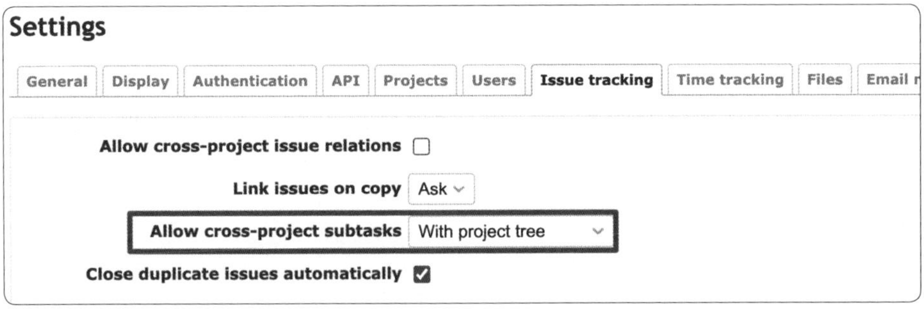

◎ 圖 6.17

而如果是子議題的部分，設定選項上面就比較多一點囉！

基本上 Redmine 的設定已經是最直覺的操作設定，但是我們往下還是依序說明，你可以在自行判斷是否需要進行調整唷！

Disabled

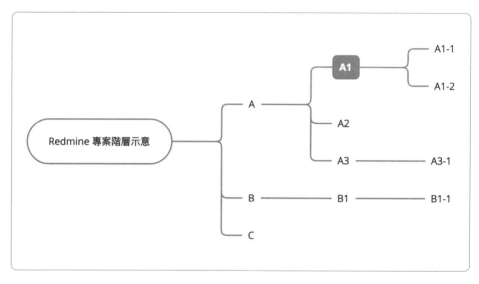

◎ 圖 6.18

如果選擇這個選項，就表示不允許跨專案的子議題，屬於在 A1 專案的任務，就是只能在 A1 專案裡面自己建立父子議題。

☑ With all projects

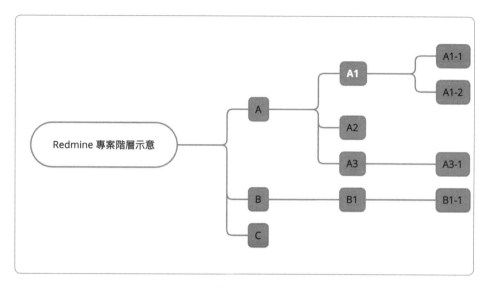

◎ 圖 6.19

選擇這個選項時，Redmine 就會允許你將子議題與任意專案中的議題關聯，無論這些專案之間有沒有直接的關聯性。

✍ With project tree

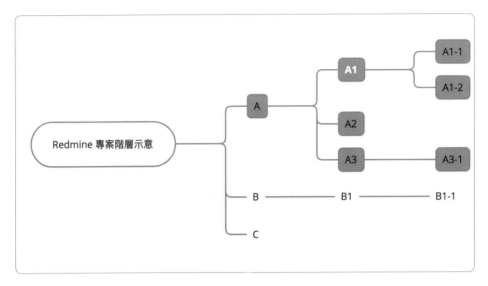

◎ 圖 6.20

這個選項是 Redmine 的預設選項，允許子議題與專案樹中的其他議題建立關聯。專案樹通常是指父專案及其所有子專案的層次結構，白話一點來說的話，就是只要同性是的旁系親屬專案，都可以互相設定子議題。

☑ With project hierarchy

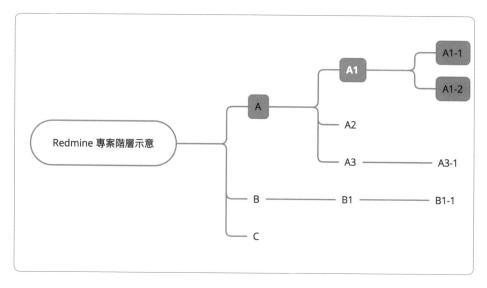

◎ 圖 6.21

這個選項允許子議題在專案層次中關聯，即可以與父專案、子專案和同一層次的其他專案中的議題建立子議題關係，如果白話一點講的話，就是准許同一條直系血脈的專案內的議題，可以互相成為子議題。

☑ With subprojects

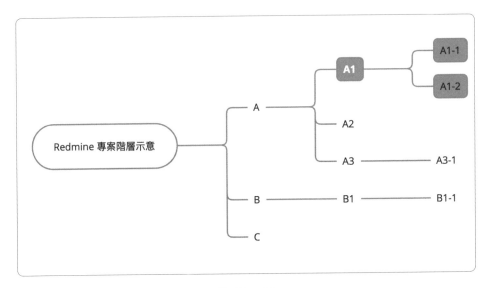

◎ 圖 6.22

選擇這個選項時，子議題僅能與同一個父專案的子專案之間進行關聯。
這意味著你可以在子專案之間建立子議題關聯，但無法超出該父專案
的範圍。A1-1 專案裡面的議題，可以被 A1-2 專案裡的議題設定為子議
題，但是不可以被 A2 專案或是 A3-1 設定為子議題。

6-7

我可以自訂議題類型和流程嗎？
可以的話要如何設定？

當然是可以的，而想要自訂的話，整體下來我們會分追蹤標籤 Trackers、議題狀態 IssueStatues、流程 Workflow 等 3 個部分來依序說明、講解怎麼設定唷！

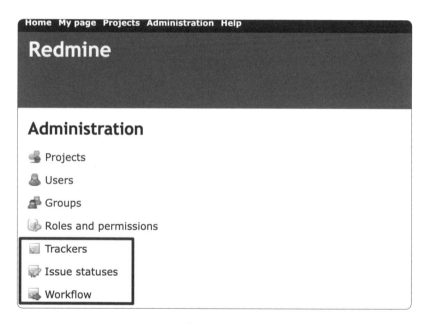

◎ 圖 6.23

📝 Trackers

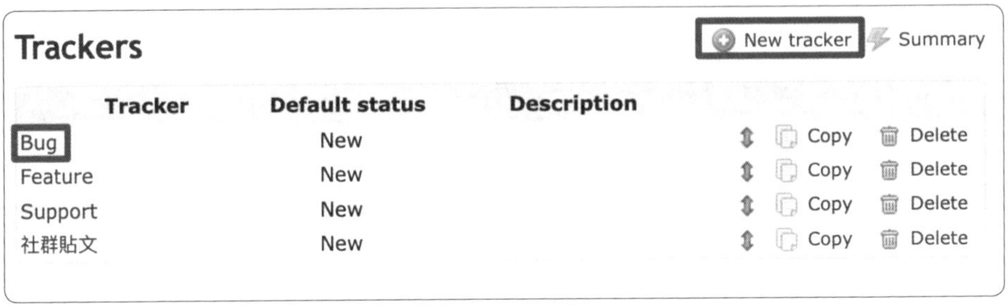

圖 6.24

Trackers 其實可以就當做就是一個議題類型、分類，而不同的議題類型，你就可以設定各自要填寫的欄位屬性，也可以看這種類型適用在哪些專案裡。你可以透過右上角的「New Tracker」進行新增，也可以從清單的左側 Tracker 名稱點擊，就可以進入編輯。

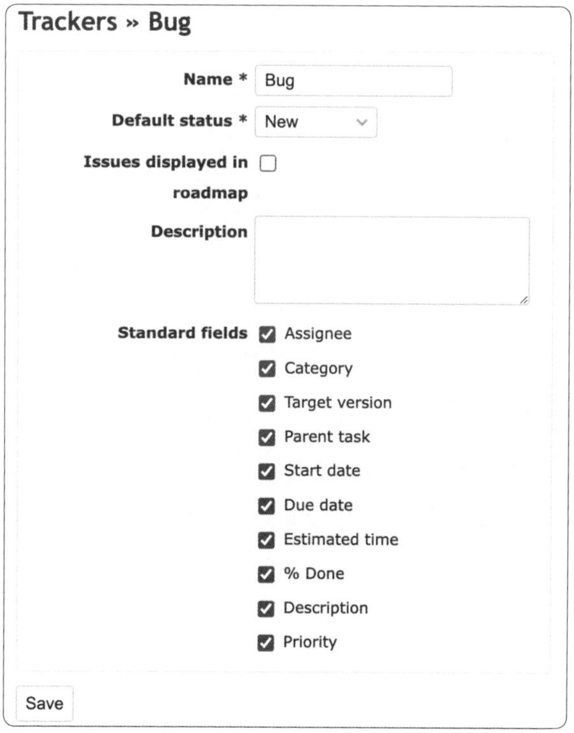

◎ 圖 6.25

在每個 Tracker 的個別設定頁面中，除了 Name 與 Fields 的勾選外，有兩個比較特別的設定在這邊做一個說明。

○ Default Status

這是當作你要建立這個 Tracker 的新議題時候，就會自動預設初始在哪個狀態，並不一定每個議題都一定要從最開始的 New 開始，如果你一開立就是要直接開工，你也可以就直接讓他從 In Progress 的狀態開始，就不需要還要刻意再更新一次狀態！

○ Issues Displayed in Roadmap

在 Redmine 管理議題的時候，可以設定 Version，這個就是我們每次軟體更新的版本編號，你可以把它當作是一個階段的設定。比如，我們預計在 08/20 發佈一個最新的版本 1.0.0，這時候你的這個版本中，一定會安排一些要完成的議題，議題的類型又可能很多，比如可能有需求的 User Story，也有一些 Bug，再來還有工程師這邊專屬的各種 Tracker，你就可以選擇最重要、一定要被呈現在 Roadmap 上面的 Tracker 類型，比如就只專注看 User Story，其他排除，那麼就要在 User Story 的 Tracker 裡進行勾選，可以幫助你可以更關注在最重要的追蹤議題上面。

Trackers				New tracker	Summary
Tracker	**Default status**	**Description**			
Bug	New		⇕	Copy	Delete
Feature	New		⇕	Copy	Delete
Support	New		⇕	Copy	Delete
社群貼文	New		⇕	Copy	Delete

◎ 圖 6.26

有時候你可能需要更快速的全覽所有的 Tracker 欄位設定，甚至想要一次性的做調整，那麼你就可以透過右上角的 Summary 進入全覽的頁面。

Trackers » Summary

	Bug	Feature	Support
∨ **Standard fields**			
✔ Assignee	☑	☑	☑
✔ Category	☑	☑	☑
✔ Target version	☑	☑	☑
✔ Parent task	☑	☑	☑
✔ Start date	☑	☑	☑
✔ Due date	☑	☑	☑
✔ Estimated time	☑	☑	☑
✔ % Done	☑	☑	☑
✔ Description	☑	☑	☑
✔ Priority	☑	☑	☑

Save

◎ 圖 6.27

在這邊不論是原本固定的欄位，或是你可能有新增的自訂欄位，都可以在這個頁面一覽無遺，並且批次的做調整，就不需要點進去一個一個進行勾選設定。

如果你想要調整名稱和預設狀態等部分，就還是需要每個 Tracker 進去個別設定囉！

☑ Issue Statuses

Issue statuses   ⊕ New status

Status	Issue closed	Description			
New			↕	🗑	Delete
In Progress			↕	🗑	Delete
Resolved			↕	🗑	Delete
Feedback			↕	🗑	Delete
Closed	✔		↕	🗑	Delete
Rejected	✔		↕	🗑	Delete

◎ 圖 6.28

Issue Statues 是整個 Redmine 一起共用的，而會被應用在哪個議題類型、哪個流程，就會在下一個 Workflow 中去設定。所以這邊的設定就非常的單純，狀態的順序、狀態的名稱、確定這個狀態是不是屬於「Issue Closed」結束狀態。

◎ 圖 6.29

在 Issue Statues 的右上角你可以進行新的狀態新增。

Issue statuses » In Progress

Name *	In Progress
Description	
Issue closed	☐

Save

每個狀態你可以填入適合的狀態名稱，如過這個狀態你預計是把他作為一個議題的結束狀態，那麼就把 Issue Closed 進行勾選。

Issue statuses   ⊕ New status

Status	Issue closed	Description			
New			↕	🗑	Delete
In Progress			↕	🗑	Delete
Pending		⚠ No tracker uses this status in the workflows (Edit)	↕	🗑	Delete
Resolved			↕	🗑	Delete
Feedback			↕	🗑	Delete
Closed	✔		↕	🗑	Delete
Rejected	✔		↕	🗑	Delete

當你真的新增一個 Status 之後，Redmine 就會出現提示訊息提醒你，這個狀態並沒有應用在任何一個流程中，提醒你可以透過他的快速超連結去設定流程，如果沒有設定的話，這個狀態是不會出現在任何地方的唷！

📝 Workflow

Workflow
📋 Copy ⚡ Summary

Status transitions Fields permissions

Select a role and a tracker to edit the workflow:

Role: Manager ∨ ➕ Tracker: Bug ∨ ➕ Edit ☑ Only display statuses that are used by this tracker

✔ **Current status**	**New statuses allowed**					
	✔ New	✔ In Progress	✔ Resolved	✔ Feedback	✔ Closed	✔ Rejected
✔ *New issue*	☐	☐	☐	☐	☐	☐
✔ New	☑	☑	☑	☑	☑	☑
✔ In Progress	☑	☑	☑	☑	☑	☑
✔ Resolved	☑	☑	☑	☑	☑	☑
✔ Feedback	☑	☑	☑	☑	☑	☑
✔ Closed	☑	☑	☑	☑	☑	☑
✔ Rejected	☑	☑	☑	☑	☑	☑

> Additional transitions allowed when the user is the author
> Additional transitions allowed when the user is the assignee

◎ 圖 6.32

Workflow 可以說是整個 Redmine 裡面最重要的設定之一。

Status transitions | **Fields permissions**

◎ 圖 6.33

在最上面可以看到兩個選項，Status Transitions 是設定狀態的變化，
Fields Permission 是設定欄位的權限。

Select a role and a tracker to edit the workflow:

Role: Manager ∨ ➕ Tracker: Bug ∨ ➕ Edit ☐ Only display statuses that are used by this tracker

◎ 圖 6.34

不論是哪一個選項，都需要先依據 Role 搭配不同的 Tracker，選擇好以後按下「Edit」，才能夠繼續往下去制定它的流程可以怎麼走、欄位有什麼樣的權限。

所以在進行這邊設定之前，你必須要先清楚現在使用 Redmine 的有哪些人，而這些人對應了什麼 Role、有哪些議題類型對應什麼 Tracker、這些議題各自又有什麼 Status，才不會在 Workflow 設定的時候才不會一頭霧水霧煞煞。

不知道你有沒有看過公車表、火車表或是高鐵價格表等等，Redmine 的表格看起來很像很複雜，但其實可以一樣用大眾運輸工具的價格表方式來閱讀這張流程設定表。

✓ Current status		New statuses allowed						
	✓ New	✓ In Progress	✓ Pending	✓ Resolved	✓ Feedback	✓ Closed	✓ Rejected
✓ *New issue*	☐	☐	☐	☐	☐	☐	☐
✓ New	☑	☑	☐	☑	☑	☑	☑
✓ In Progress	☑	☑	☑	☑	☑	☑	☑
✓ Pending	☐	☐	☑	☐	☐	☐	☐
✓ Resolved	☑	☑	☐	☑	☑	☑	☑
✓ Feedback	☑	☑	☐	☐	☑	☑	☑
✓ Closed	☑	☑	☐	☐	☐	☑	☑
✓ Rejected	☑	☑	☐	☐	☐	☑	☑

◎ 圖 6.35

我們就以上面這張圖來做舉例說明吧！

先來看第一排的 New Issue，這裡就是當你在建立議題的當下，可以有哪些選項可以做切換，現在一個都沒有勾選，就表示就只能以這個 Tracker 設定的預設狀態（請參閱上方的 Trackers 裡面的 Default Status）來建立議題，如果你有勾選，那麼就表示你還可以自行切換。

再來我們看第二排的 New 的設定，意思就是當你現在當下議題處於 New 狀態時候來進行編輯，那你可以換到 In Progress、Resolved、Feedback、Closed、Rejected 的狀態。

最後我們來看最後一排的 Rejected 的設定，這排的設定就是當你現在當下議題處於 Rejected 狀態時候來進行編輯，那你可以換到 New、In Progress、Closed 等 3 個狀態。

換你來練習！這樣 Closed 這排的設定是可以切換到哪些狀態呢？

答案是：New、In Progress、Rejected。

現在我們三個影響自訂議題類型跟流程的功能都說明完了，我們直接用一個小試身手來跑一次設定的流程吧！

你是一家市場行銷公司的經理，想要透過 Redmine 來追蹤社群貼文的整體進度，而你的社群貼文會經過幾個階段：發想、內容策劃、審核、設定與製作、發佈、報告結案。審核階段的時候，有時候可能會整個打掉重新發想，也有可能是點子不錯，但是內容不符合要求而被退件，但是只要一通過審核階段，基本上就是照流程完成貼文發佈。

✍ 建立自訂議題類型（Tracker）

◎ 圖 6.36

首先我們需要使用具備 Admin 權限的帳號登入 Redmine，點擊左上角的「Administration」進入管理頁面，選擇「Trackers」。

New tracker
Summary
Copy
Delete
Copy
Delete
Copy
Delete
Copy
Delete

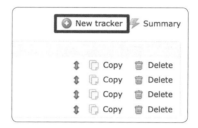

圖 6.37

點擊「New Tracker」進入新增 Tracker 的頁面。

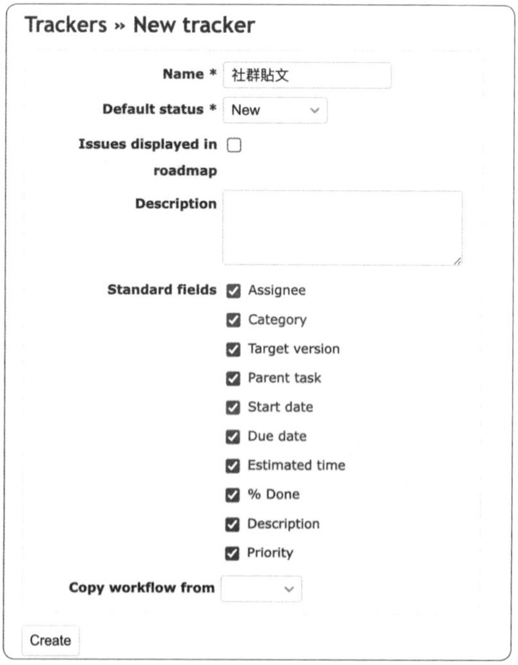

Trackers » New tracker
Name *
社群貼文
Default status *
New
Issues displayed in roadmap
Description
Standard fields
Assignee
Category
Target version
Parent task
Start date
Due date
Estimated time
% Done
Description
Priority
Copy workflow from
Create

圖 6.38

我們就把這個新的 Tracker 叫做「社群貼文」，並且預設狀態為「New」。

最下方的 Copy Workflow From，是當你現在新增的 Tracker 其實與其他現有的 Tracker 流程一模一樣，就可以選擇要複製的對象，而我們這次其實會是完全不同的新狀態，所以就先不選擇複製，設定好名稱跟新狀態以後，就直接「Create」來新增新的 Tracker。

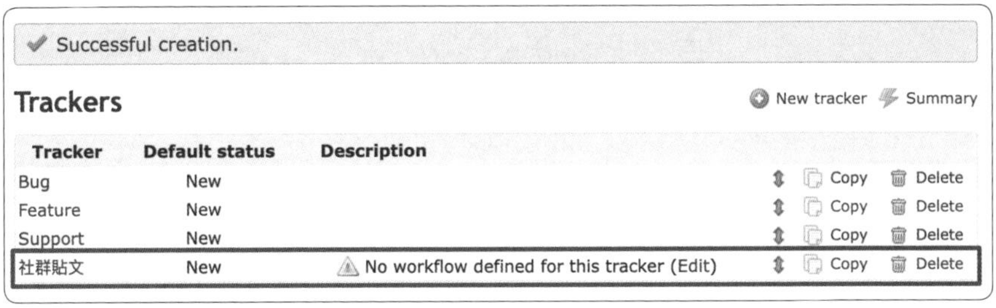

✔ Successful creation.						

Trackers　　　　　　　　　　　　　　　　　　　　　⊕ New tracker　⚡ Summary

Tracker	Default status	Description				
Bug	New		↕	🗐 Copy	🗑 Delete	
Feature	New		↕	🗐 Copy	🗑 Delete	
Support	New		↕	🗐 Copy	🗑 Delete	
社群貼文	New	⚠ No workflow defined for this tracker (Edit)	↕	🗐 Copy	🗑 Delete	

◎ 圖 6.39

新增完畢以後，你會發現 Redmine 在提醒你要定義這個 Tracker 的 Workflow，此時我們先別急，因為我們還要把自訂的狀態先設定好！

☑ 建立自訂狀態（Status）

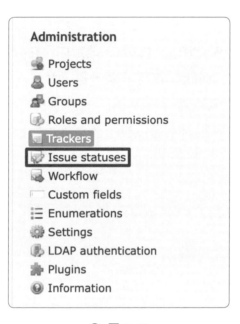

◎ 圖 6.40

我們直接從右側的選單中，選擇「Issue statuses」。

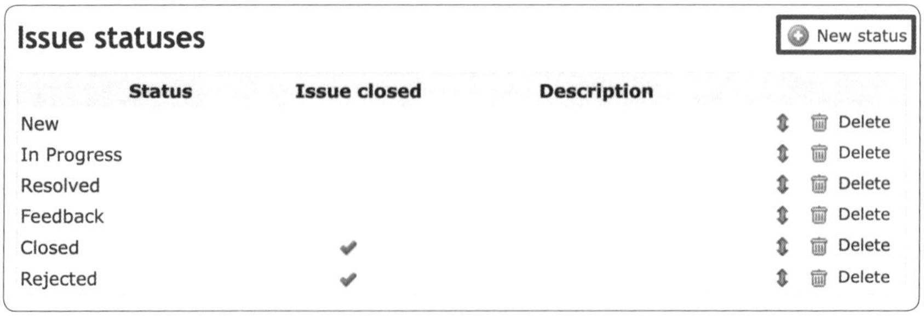

Status	Issue closed	Description		
New			⇕ 🗑 Delete	
In Progress			⇕ 🗑 Delete	
Resolved			⇕ 🗑 Delete	
Feedback			⇕ 🗑 Delete	
Closed	✔		⇕ 🗑 Delete	
Rejected	✔		⇕ 🗑 Delete	

Issue statuses ⊕ New status

◎ 圖 6.41

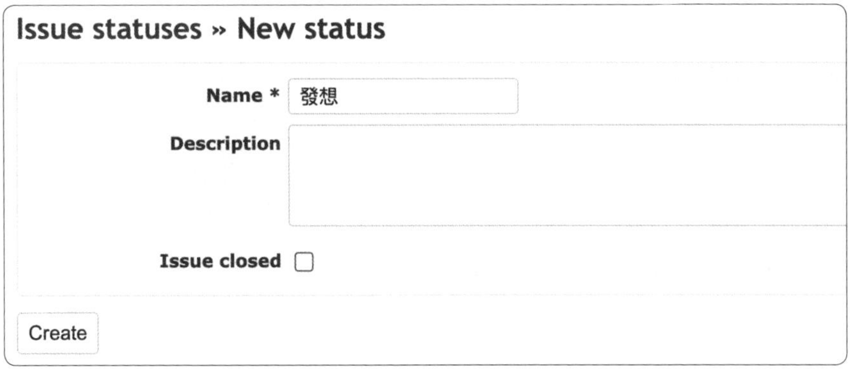

Issue statuses » New status

Name * 發想

Description

Issue closed ☐

Create

◎ 圖 6.42

點擊右上角的（New status），為每個階段建立一個狀態，我們就
依次命名為：發想、策劃、審核、製作、發佈、結案。

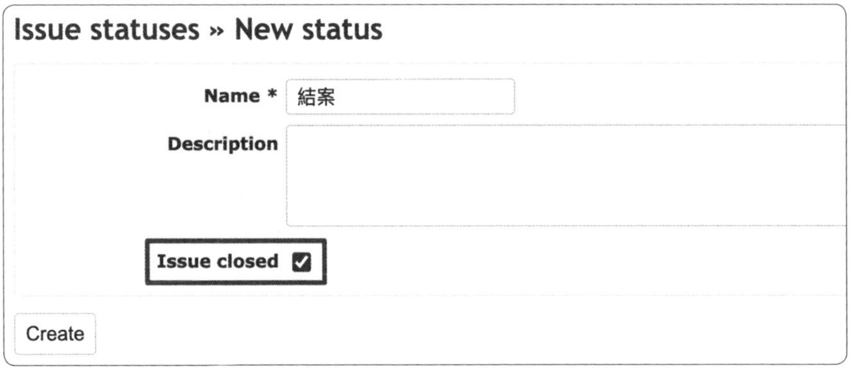

Issue statuses » New status

Name * 結案

Description

Issue closed ✓

Create

◎ 圖 6.43

而在「結案」狀態要特別注意，因為這個狀態已經代表是議題的最後一個關卡，所以我們在「Issue Closed」，這邊要記得勾選。

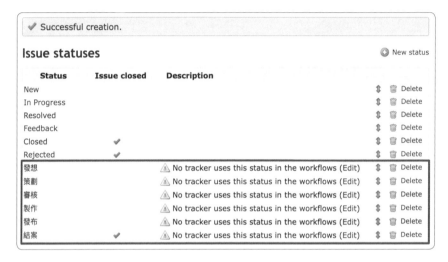

◎ 圖 6.44

都設定完成以後，一樣在清單這邊，你會看到 Redmine 的友善提醒，告訴你這個 Status 還沒有任何 Tracker 使用到，提醒你記得要做設定。我們下一步就是要來進行 Workflow 的設定，你去以選擇直接點擊提醒上面的「Edit」過去編輯，也可以等一下下一步從選單去切換進行設定，都是可以的唷！

☑️ 設定工作流程（Workflow）

◎ 圖 6.45

我們直接從右側的選單中，選擇「Workflow」。

Status transitions	Fields permissions

Select a role and a tracker to edit the workflow:

Role: Manager ∨ ⊞ Tracker: 社群貼文 ∨ ⊞ [Edit] ☑ Only display statuses that are used by this tracker

✔ Current status							New statuses allowed						
	✔ New	✔ In Progress	✔ Resolved	✔ Feedback	✔ Closed	✔ Rejected	✔ 發想	✔ 策劃	✔ 審核	✔ 製作	✔ 發布	✔ 結案	
✔ *New issue*	☐	☐	☐	☐	☐	☐	☐	☐	☐	☐	☐	☐	
✔ New	☑	☐	☐	☐	☐	☐	☐	☐	☐	☐	☐	☐	
✔ In Progress	☐	☑	☐	☐	☐	☐	☐	☐	☐	☐	☐	☐	
✔ Resolved	☐	☐	☑	☐	☐	☐	☐	☐	☐	☐	☐	☐	
✔ Feedback	☐	☐	☐	☑	☐	☐	☐	☐	☐	☐	☐	☐	
✔ Closed	☐	☐	☐	☐	☑	☐	☐	☐	☐	☐	☐	☐	
✔ Rejected	☐	☐	☐	☐	☐	☑	☐	☐	☐	☐	☐	☐	
✔ 發想	☐	☐	☐	☐	☐	☐	☑	☐	☐	☐	☐	☐	
✔ 策劃	☐	☐	☐	☐	☐	☐	☐	☑	☐	☐	☐	☐	
✔ 審核	☐	☐	☐	☐	☐	☐	☐	☐	☑	☐	☐	☐	
✔ 製作	☐	☐	☐	☐	☐	☐	☐	☐	☐	☑	☐	☐	
✔ 發布	☐	☐	☐	☐	☐	☐	☐	☐	☐	☐	☑	☐	
✔ 結案	☐	☐	☐	☐	☐	☐	☐	☐	☐	☐	☐	☑	

◎ 圖 6.46

在這邊，我們選擇剛剛新增的 Tracker「社群貼文」，然後這邊就以 Manager 這個角色來做流程的設定示範，然後點擊「Edit」就會展開現在的流程設定表格。

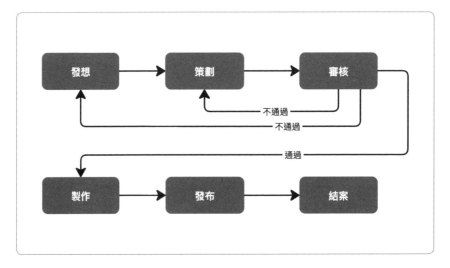

◎ 圖 6.47

依照我們實際要設定的狀態變換，整理起來會是像是上面這張圖，那麼我們就可以依照這個流程，來繼續往下進行設定。

Current status	New	In Progress	Resolved	Feedback	Closed	Rejected	發想	策劃	審核	製作	發布	結案
New issue												
New	▨											
In Progress		▨										
Resolved			▨									
Feedback				▨								
Closed					▨							
Rejected						▨						
發想							▨	☑				
策劃								▨	☑			
審核									▨	☑		
製作										▨	☑	
發布											▨	☑
結案												▨

◉ 圖 6.48

我們先把最順的正向流程進行設定，在我們這次的案例裡面，我們可以知道每一個狀態很確定的就是可以進到下一個狀態，但是再往後下下一個以此類推的狀態，並沒有代表可以跳過，所以我們先把下一個狀態做勾選。

Current status	New	In Progress	Resolved	Feedback	Closed	Rejected	發想	策劃	審核	製作	發布	結案
New issue												
New	▨											
In Progress		▨										
Resolved			▨									
Feedback				▨								
Closed					▨							
Rejected						▨		☑				
發想							▨	☑				
策劃								▨	☑			
審核							☑	☑	▨	☑		
製作										▨	☑	
發布											▨	☑
結案												▨

> Additional transitions allowed when the user is the author
> Additional transitions allowed when the user is the assignee

Save

◉ 圖 6.49

再來這次案例裡面，可以回頭的就是在審核關卡，審核狀態可以退回到發想狀態和策劃狀態，所以我們就必須在審核這一排，對發想、策劃兩個狀態也進行勾選，都設定完畢以後，記得按下「Save」儲存設定。

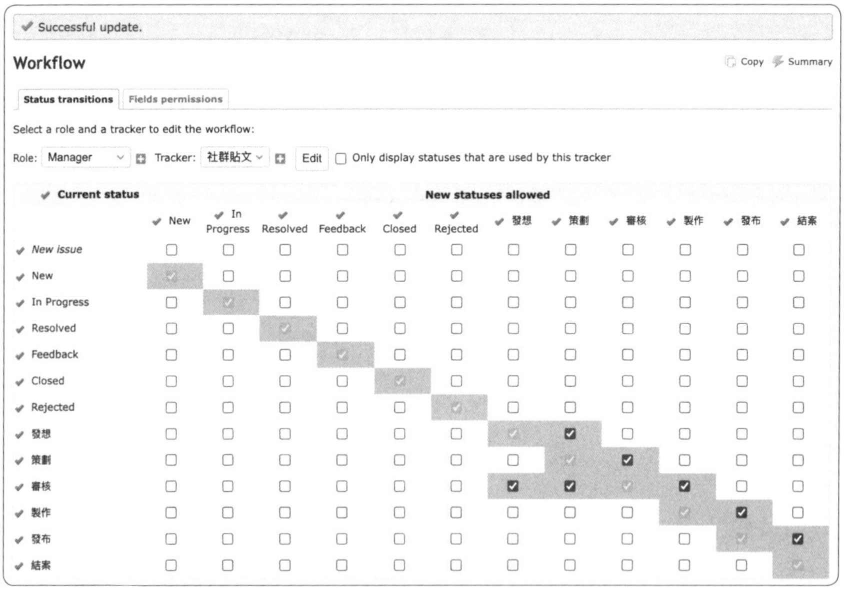

◎ 圖 6.50

這樣我們的社群貼文客製化 Tracker、Status 和 Workflow 就完成啦！

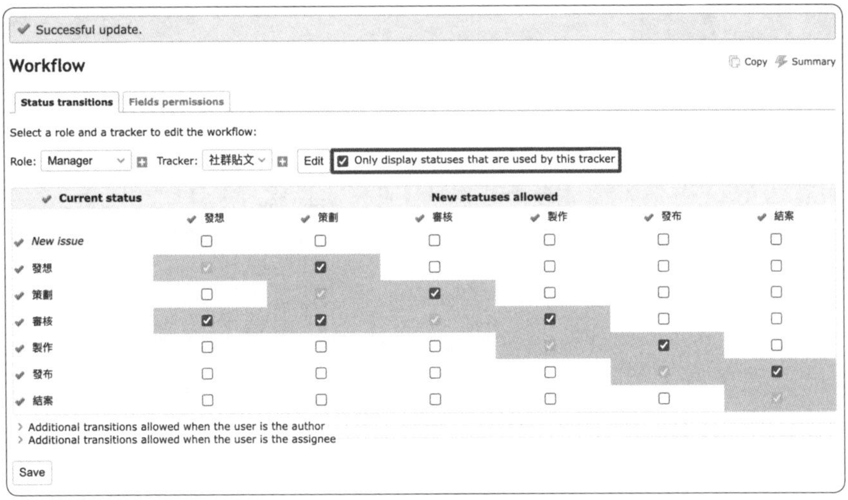

◎ 圖 6.51

假設你覺得看到一些根本沒有用到的 Status 很亂，你也可以就選擇把「Only display statues that are used by this tracker」勾選起來，Redmine 就會把真的有被設定到的 Status 列出來。（但是當你想要多增加其他狀態的時候，就要記得把這個選項取消，才能夠看得到唷！）

6-8

Redmine 裡面預設的議題欄位太多了，有的根本不會寫到，可以調整嗎？

在 Redmine 啟動的時候，預設就會先建置好預設的追蹤標籤清單，也設定好對應欄位，但是因為使用的場景、團隊不同，當然就會有一些欄位讓你覺得很冗餘。

雖然不是必填，但是如果你是填寫的時候看到一些根本不會用到的欄位呈現在上面，就會覺得很想要讓版面更整潔的想法的話，那麼跟你説，這些是可以關閉的唷！

那哪些欄位可以做調整呢？下面先用一個表格，把原本預設你會在議題看到的欄位和它可不可以關閉進行一個整理：

議題欄位	可否關閉
Tracker 追蹤標籤	無論如何都會保有的欄位，無法關閉。
Subject 主旨	無論如何都會保有的欄位，無法關閉。
Description 概述	依照「追蹤標籤」設定，來進行關閉。
Status 狀態	無論如何都會保有的欄位，無法關閉。
Priority 優先權	依照「追蹤標籤」設定，來進行關閉。
Assignee 被分派者	依照「追蹤標籤」設定，來進行關閉。
Target version 版本	依照「追蹤標籤」設定，來進行關閉。

議題欄位	可否關閉
Parent task 父議題	依照「追蹤標籤」設定，來進行關閉。
Start date 開始日期	依照「追蹤標籤」設定，來進行關閉。
Due date 完成日期	依照「追蹤標籤」設定，來進行關閉。
Estimated time 預估工時	依照「追蹤標籤」設定，來進行關閉。
% Done 完成百分比	依照「追蹤標籤」設定，來進行關閉。

我們現在已經清楚地知道哪些欄位可以被調整，用最簡單的方式來總結，就是追蹤標籤、主旨和狀態是唯三不能關閉的，其他你都可以自訂調整。，接下來我們就來看如何調整囉！

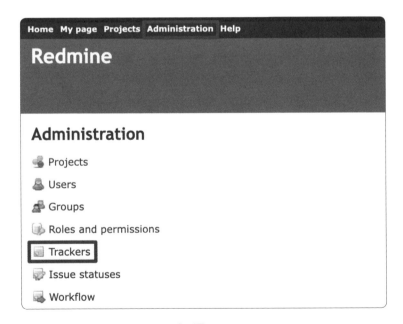

◎ 圖 6.52

登入具備 Admin 權限的帳號以後，於網頁的左上角找到網站管理，進入網站管理頁面，然後選擇追蹤標籤清單，進入追蹤標籤清單的頁面。

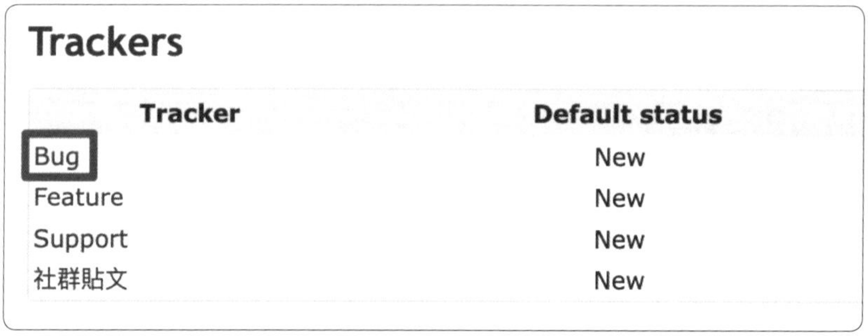

Trackers

Tracker	Default status
Bug	New
Feature	New
Support	New
社群貼文	New

◎ 圖 6.53

如果你已經很明確的知道，只是要修改特定的追蹤標籤欄位，那麼就請找到你要的標籤，點擊以後就會進入修改頁面，比如你只是想要修改「Bug」這個 Tracker，你就直接點擊「Bug」就可以。

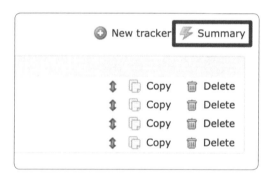

◎ 圖 6.54

如果你是想要大量的批次修改，那你就改成選擇右上角的「Summay」，你就會將所有標籤的所有欄位都一覽無遺！

Trackers » Summary

	Bug	Feature	Support	社群貼文
Standard fields				
Assignee	☑	☑	☑	☑
Category	☑	☑	☑	☑
Target version	☑	☑	☑	☑
Parent task	☑	☑	☑	☑
Start date	☑	☑	☑	☑
Due date	☑	☑	☑	☑
Estimated time	☑	☑	☑	☑
% Done	☑	☑	☑	☑
Description	☑	☑	☑	☑
Priority	☑	☑	☑	☑

◎ 圖 6.55

在這邊你就可以直接一次針對所有的標籤與欄位進行勾選、調整。

小提醒！如果 Redmine 這個追蹤標籤是很多專案一起共同使用的，記得要注意這樣的調整，會不會影響到其他人，如果影響層面太廣，可以考慮就直接獨立設定一個獨立標籤，做自己的欄位、設定唷！

6-9

我要如何在議題裡面增加其他填寫的欄位?

在 Redmine 中,你可以通過添加「自訂欄位」來增加議題中的填寫欄位。每個自訂欄位添加以後,你還可以選擇要用在特定的專案或是所有專案。

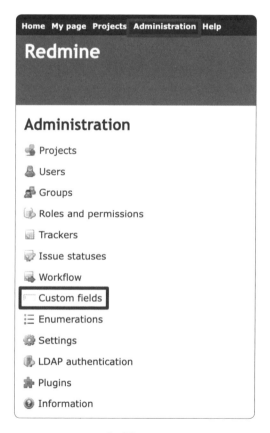

◎ 圖 6.56

首先我們要先進入管理介面，使用具有管理員權限的帳號登入
Redmine，點擊左上角的 Administration 進入管理頁面後，找到 Custom
fields 並且點擊進入，就會進入到 Custom fields 的頁面。

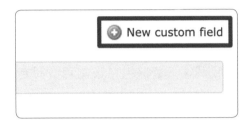

◎ 圖 6.57

點擊頁面右上角的「新增自訂欄位」(New custom field) 按鈕。

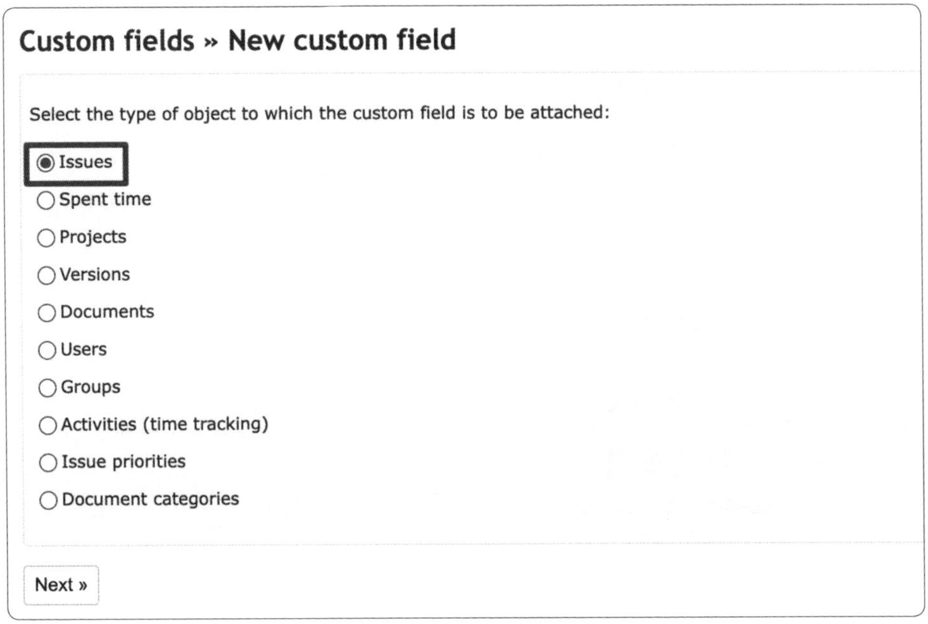

Custom fields » New custom field

Select the type of object to which the custom field is to be attached:

- ◉ Issues
- ○ Spent time
- ○ Projects
- ○ Versions
- ○ Documents
- ○ Users
- ○ Groups
- ○ Activities (time tracking)
- ○ Issue priorities
- ○ Document categories

Next »

◎ 圖 6.58

我們這邊是想要針對議題增加自訂欄位,所以我們要選擇「議題清單」後,選擇「下一頁」,就會進到欄位的設定。

在議題裡面的自訂欄位,有支援很多不同的格式,總共有布林、整數、文字、日期、檔案、浮點數、清單、版本、使用者帳號、連結、鍵值清單、長文字等 12 個,每個欄位都有各自不同的用途,甚至有的欄位還可以做連結的串連,我們往下會將通常最常用的設定來進行介紹!

☑ Text、Long Text 文字、長文字

自訂欄位清單 » 議題清單 » 建立新自訂欄位

格式	文字 ▾
名稱 *	
概述	
最小 - 最大 長度	___ - ___
規則運算式	
	eg. ^[A-Z0-9]+$
文字格式	☐
預設值	
連結欄位值至此網址	

建立　繼續建立

◎ 圖 6.59

文字格式允許使用者在欄位中輸入任意文字，適合輸入簡短的説明、名稱或其他字串。

自訂欄位清單 » 議題清單 » 建立新自訂欄位

格式	長文字 ∨
名稱 *	
概述	
最小 – 最大 長度	—
規則運算式	
	eg. ^[A-Z0-9]+$
文字格式	☐
全寬度式版面配置	☐
預設值	

建立　繼續建立

◎ 圖 6.60

長文字格式主要是比文字格式，更允許輸入較長的內容，適合用於備註、詳細描述等需要大量文字輸入的情境。

小試身手案例實作 ···

我們現在想要在議題清單中，添加一個文字的欄位，用來記錄顧客的聯繫信箱，並且希望可以在點擊這個欄位以後，快速的觸發 Gmail 來寫信，並且把聯繫信箱放入收件者欄位。

首先第一步驟，當然要先進入到議題清單的建立自訂欄位，然後請在格式的選單中選擇「文字」，而名稱部分，我們就就寫入「顧客聯繫信箱」。

因為我們希望這邊的內容要依照信箱該有的格式，所以我們可以在規則運算式，加入格式的 Regex 內容，這樣後續就可以避免一些因為亂填寫還需要額外去檢查格式的時間！

```
^[\w\.-]+@[\w-]+\.[\w-]{2,4}$
```

最後因為我們希望可以在後續議題裡面，可以在這個欄位快速的連結到 Gmail 寄件可這個顧客，所以我們必須要在「連結欄位值至此網址」填入快速觸發 Gmail 的網址，並且要加入變數「%value%」，這樣才會把這個「顧客聯繫信箱」所填寫的內容，帶入到這個網址裡。

```
https://mail.google.com/mail/?view=cm&fs=1&to=%value%
```

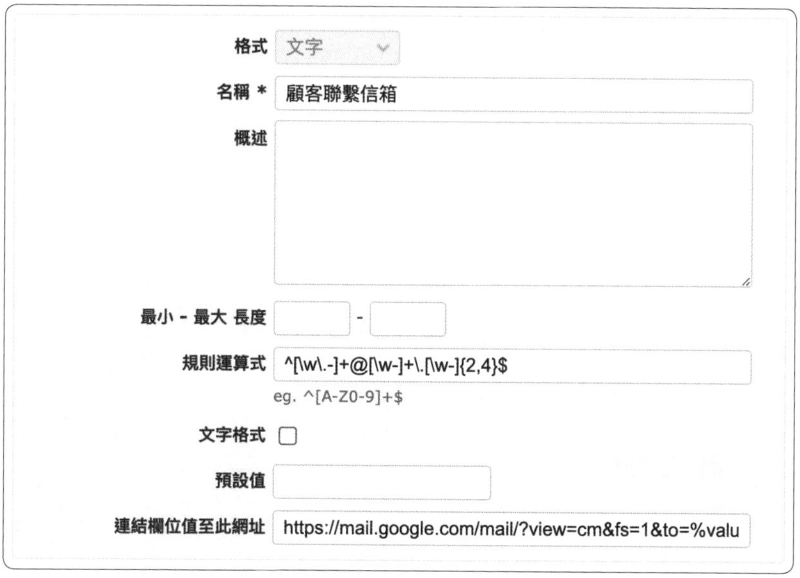
格式
文字
名稱 *
顧客聯繫信箱
概述
最小 - 最大 長度
-
規則運算式
^[\w\.-]+@[\w-]+\.[\w-]{2,4}$
eg. ^[A-Z0-9]+$
文字格式
預設值
連結欄位值至此網址
https://mail.google.com/mail/?view=cm&fs=1&to=%valu

圖 6.61

這樣我們就完成新增啦！

Bug #3
• 顧客聯繫信箱 是無效的
變更屬性
專案 *
Demo Project A
追蹤標籤 *
Bug
主旨 *
888
狀態 *
新建立
顧客聯繫信箱
aaaa55554654.com

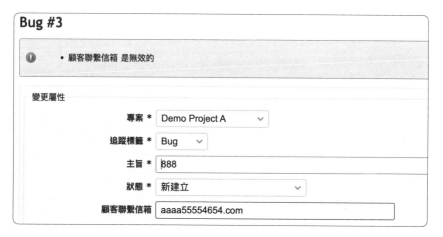

圖 6.62

實際在填寫的時候，如果沒有符合格式，就會出現錯誤提醒。

◎ 圖 6.63

當填寫欄位內容後，也可以看到這個欄位是擁有超連結的狀態，並且也有成功把欄位的內容，帶入到連結網址裡面啦！

🖉 Date 日期

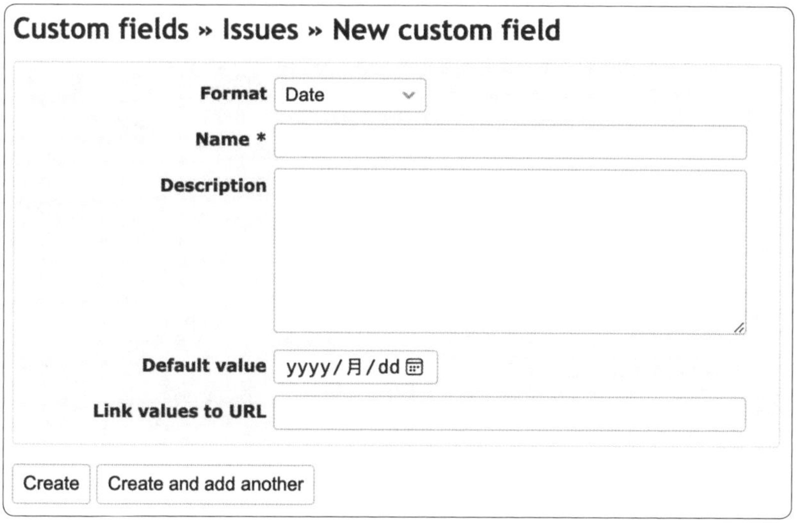

Custom fields » Issues » New custom field

Format	Date ▾
Name *	
Description	
Default value	yyyy／月／dd 🗓
Link values to URL	

Create　Create and add another

◎ 圖 6.64

雖然我們已經在原本的議題裡面，有預設的「開始日期」、「結束日期」可以做填寫，但是並不是所有的議題類型，都只需要這兩個日期，如果我們使用 Redmine 做員工資訊管理，那麼你就可能需要輸入員工的生日這類型不一樣的日期欄位，那麼這時候已就可以加入這個自訂欄位！

☑ File 檔案

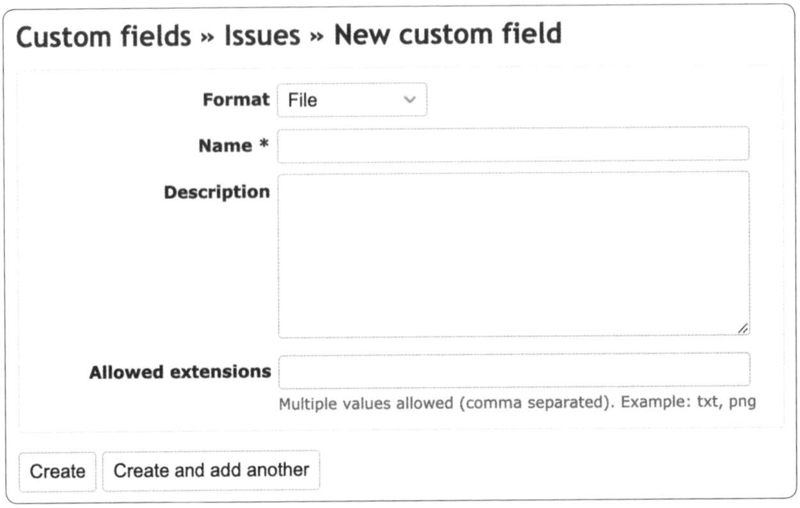

Custom fields » Issues » New custom field

Format	File ⌄
Name *	
Description	
Allowed extensions	

Multiple values allowed (comma separated). Example: txt, png

[Create] [Create and add another]

◎ 圖 6.65

檔案格式欄位，是一個額外可以讓使用者上傳文件或附件的欄位，適合
用於收集文件資料、上傳圖片或其他附件等等。如果你有想要限制的檔
案類型，就也可以在「允許使用的副檔名」這邊，做格式的設定。

☑ List、Key/Value 清單、鍵／值清單

```
Custom fields » Issues » New custom field

             Format   [ List          ∨ ]
             Name *   [                         ]
        Description   [                         ]
                      [                         ]
                      [                         ]
                      [                         ]

    Multiple values   ☐
    Possible values * [                         ]
                      [                         ]
                      [                         ]
                      [                         ]
                      [                         ]

                      One line for each value

      Default value   [              ]
  Link values to URL  [                         ]
            Display   [ drop-down list ∨ ]

  [ Create ]  [ Create and add another ]
```

◎ 圖 6.66

清單格式欄位就是提供一組預先定義的選項，讓使用者可以從中選擇一個選項或者是多個選項，很適合用於分類、狀態額外標示等等。

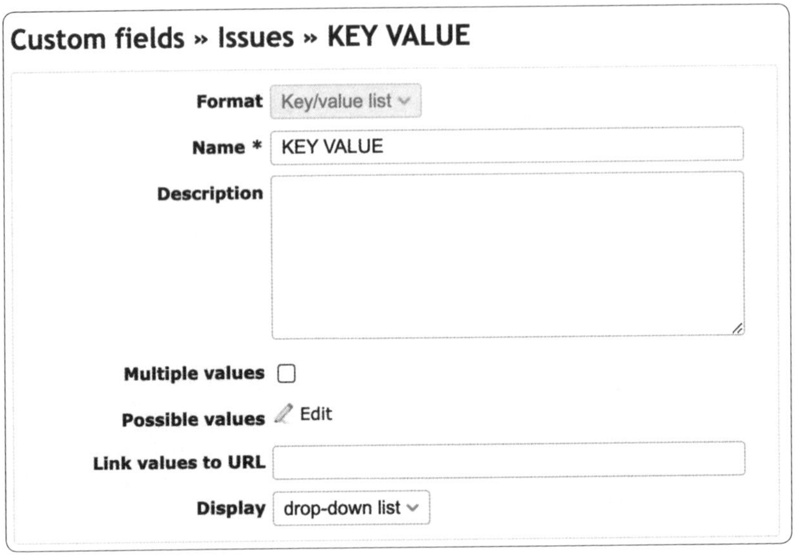

◎ 圖 6.67

鍵值清單跟清單其實非常的相似，在設定的時候最大的落差是可能值的設定，它並不像是清單一樣，就是直接在一個很大的輸入格，去隨意的填寫。

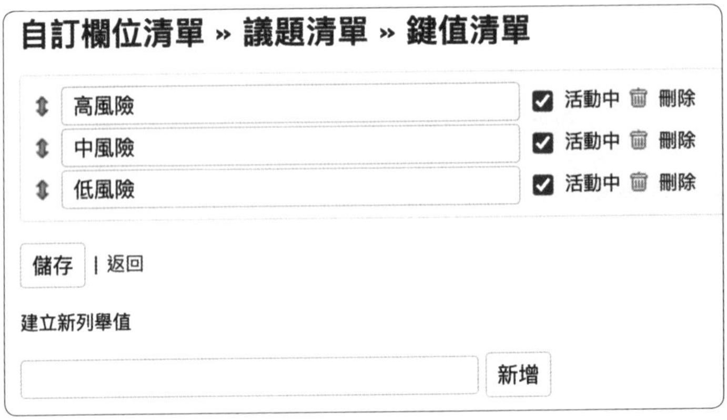

◎ 圖 6.68

而是會需要另外進入到編輯頁面，去一個一個新增，還可以進行調整位置，設定是否在議題上的選項做呈現。

而除了設定上的差異，在實際使用上最主要的差異點有兩個：

1. **原本的議題內容是否會同步更新異動**

   假設議題裡面的清單，你是選擇「鍵值清單」，並且已經勾選鍵值清單的「選項 A」，後續你在自訂欄位中，把「選項 A」改成了「選項 AA」，那麼你原本議題裡面的「選項 A」，同時也會變成「選項 AA」；若你的清單，是選擇「清單」，那　不管你怎麼調整清單的內容，都不會影響原本議題裡面已經選擇的值。

   我們換個說法來總結的話，修改「清單」的可能值，對於議題已經填寫的內容是「不溯既往」，修改「鍵值清單」的可能值，對於議題已經填寫的內容是「同進同退」（笑）

2. **可不可以被作為搜尋條件**

   在 Redmine 的右上角，你會可以看到一個搜尋框，當你選擇使用「清單」，並且也有勾選允許做為搜尋條件，那麼你就可以透過搜尋框輸入關鍵字，來找到這個議題，而鍵值清單是直接沒有這個條件可以選擇的。

☑ Interger、Float 整數、浮點數

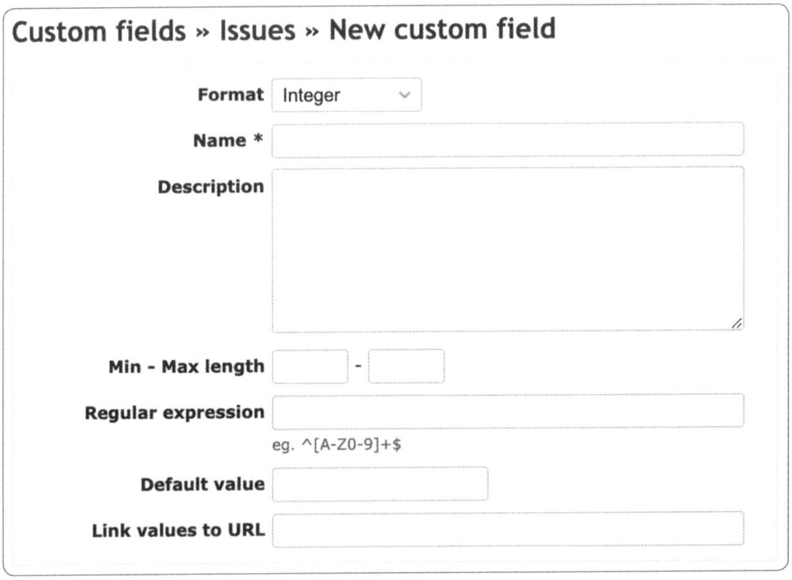

Custom fields » Issues » New custom field

Format	Integer ⌄
Name *	
Description	
Min – Max length	▢ – ▢
Regular expression	
	eg. ^[A-Z0-9]+$
Default value	
Link values to URL	

◎ 圖 6.69

整數和浮點數格式設定基本上完全一模一樣，所以我們就直接針對使用
場景來補充。這兩個名詞其實比較像是程式語言裡面的一個名詞，如果
我們用白話一點的名詞來解釋，意思就是你要不要有小數點。如果你要
輸入的是數字，並且不會有小數點的存在，那麼你就選擇「整數」這個
格式；如果你要輸入的是數字，並且會有小數點，那麼，你就選擇「浮
點數」。

舉小小的例子，比如說參與活動人數，這一定不會有小數點對吧
（笑），所以你就可以選擇「整數」的格式，那如果說你要新增的欄位
是匯率，那這個就基本上會有小數點，這時候，你就選擇「浮點數」。

✍ Boolean 布林

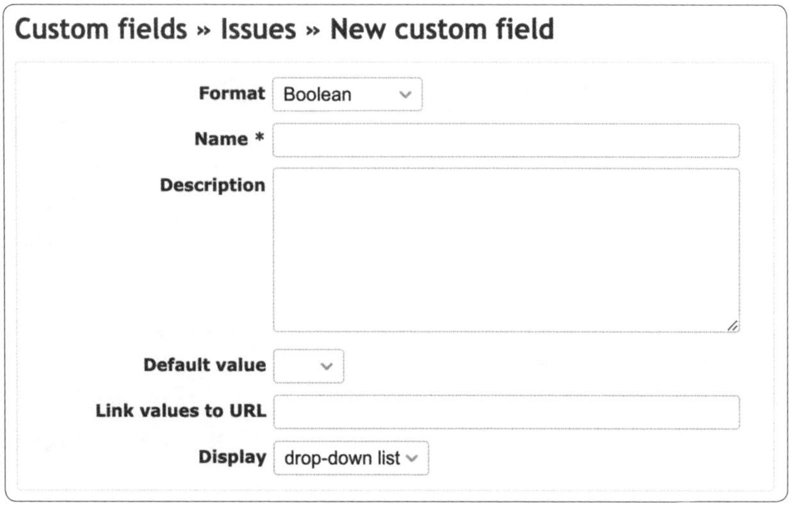

Custom fields » Issues » New custom field

Format	Boolean ⌄
Name *	
Description	
Default value	⌄
Link values to URL	
Display	drop-down list ⌄

◎ 圖 6.70

布林也是程式語言的一個名詞，用白話來說的話，這個格式就是用來回答「是」或是「否」，比如可以新增一個欄位，來表示是否為特殊插單，那你就可以新增一個布林格式的欄位，如果遇到插單需求就選擇「是」作為紀錄，事後就可以來篩選看團隊到底處理了多少插單需求。

⊠ User 使用者帳號

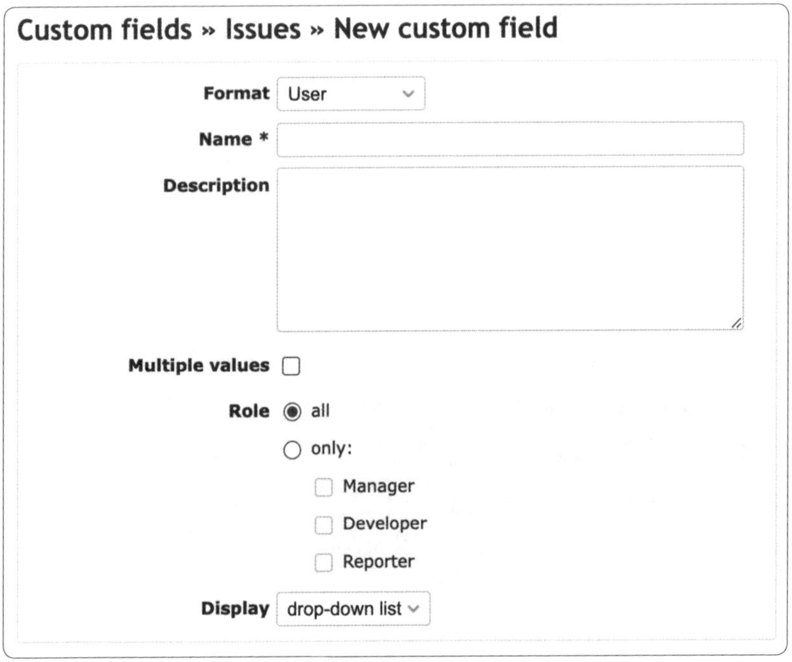

Custom fields » Issues » New custom field

Format [User ⌄]

Name * [_____]

Description [_____]

Multiple values ☐

Role ◉ all
　　 ○ only:
　　　　 ☐ Manager
　　　　 ☐ Developer
　　　　 ☐ Reporter

Display [drop-down list ⌄]

◎ 圖 6.71

正常在一個議題裡面至少可以進行一個任務指派,但是如果你可能想表達代理人或是其他任何需要直接選擇使用者帳號的欄位內容,就可以選擇添加這個自訂欄位。

6-10

可以讓特定欄位唯讀嗎？
或是把非必填的欄位改變成為必填？

◎ 圖 6.72

請使用 Admin 權限的帳號，由上方點擊進入「Administration」後，選擇「Workflow」就會進入到流程設定頁面。

◎ 圖 6.73

我們這次要做的是欄位的權限設定，所以我們要切換到「Fields Permissions」的功能頁，選定你要調整的 Role 與 Tracker 後，點擊「Edit」展開表格。

◎ 圖 6.74

如果原本就是必填欄位，這邊可以做的設定就是變成「Read-Only」，
限制特定 Role 在指定的 Tracker 中的某一個狀態時，針對指定欄位只
能唯讀。

◎ 圖 6.75

如果原本這個欄位非必填，那麼除了可以設定「Read-Only」外，也可
以增加變成「Required」必填的要求。

6-11

我可以讓議題跟 GitHub 做關聯、連動嗎？

當然可以，這題應該是工程師最想要知道答案的問題吧 (笑)，那就讓我們來看如何設定吧！

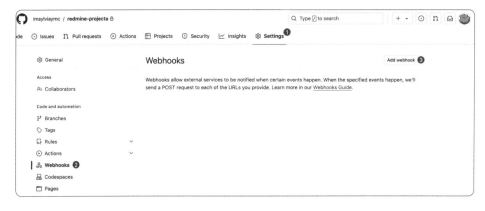

◎ 圖 6.76

首先請先登入到你的 GitHub 帳號，進入你想要與 Redmine 連接的專案頁面中，點擊「Settings」後，於左側導覽列點擊「Webhooks」，於右上點擊「Add webhook」按鈕添加新的 Webhook。

Payload URL *

https://example.com/postreceive

Content type *

application/x-www-form-urlencoded ⇕

Secret

◎ 圖 6.77

在「Payload URL」欄位中，輸入你的 Redmine Webhook URL，請依照以下格式，並且把 `your-redmine-url` 替換為你實際的 Redmine 網址，`your_api_key` 更換你所要用來觸發的帳號 Redmine API Token。

```
http://{your-redmine-url}/sys/fetch_changesets?key={your_api_
key}
```

在「Content type」選項中，選擇「application/x-www-form-urlencoded」，這是 Redmine 預設支援的格式，當 GitHub 發送 Webhook 請求時，Redmine 可以正確解析這種格式並處理傳遞的資訊。

Which events would you like to trigger this webhook?

◯ Just the push event.

◯ Send me **everything**.

⦿ Let me select individual events.

☐ **Branch or tag creation**
Branch or tag created.

☐ **Branch or tag deletion**
Branch or tag deleted.

☐ **Branch protection configurations**
All branch protections disabled or enabled for a repository.

☐ **Branch protection rules**
Branch protection rule created, deleted or edited.

☐ **Bypass requests for push rulesets**
Push ruleset bypass request was created, cancelled, completed, received a response, or a response was dismissed. Note: Delegated bypass for push rules is currently in beta and subject to change.

☐ **Bypass requests for secret scanning push protections**
Secret scanning push protection bypass request was created, cancelled, completed, received a response, or a response was dismissed. Note: Delegated bypass for push protection is currently in beta and subject to change.

......
以下選項省略

◎ 圖 6.78

在「Which events would you like to trigger this webhook?」部分，建議選擇「Let me select individual events」，你會看到如圖片上所呈現有各種各樣的選項，建議可以選擇「Push」或是「Pull Request」相關做觸發，這部分就依照實際團隊希望的默契來設定囉！

Webhook 添加設定好以後，我們還需要回到 Redmine 專案裡面去設定。

◎ 圖 6.79

New repository

SCM	Git ⌄
Main repository	☑
Identifier	[　　　　　　　]
	Length between 1 and 255 characters. Only lower case letters (a-z), numbers, dashes and underscores are allowed. Once saved, the identifier cannot be changed.
Path to repository *	[　　　　　　　　　　　]
	Repository is bare and local (e.g. /gitrepo, c:\gitrepo)
Path encoding	[　　　⌄]
	Default: UTF-8
Report last commit for files and directories	☐

Create　Cancel

◎ 圖 6.80

- ○ SCM：這邊請選擇「Git」。

- ○ Identifier：是用來區分不同的儲存庫（是的，意思就是你同一個專案，可以添加多個 Repository 做關聯唷！），所以這邊建議可以輸入跟 GitHub 專案一樣的名稱，方便以後的識別。

- ○ Path to repository：這邊就請輸入你的 GitHub 位址。

都設定完成以後按下「Create」，我們就做好連結的設定啦！

現在我們把 Redmine 和 GitHub 的連結設定好了，接下來我們要如何讓議題可以跟我們的 Pull Request 做關聯呢？下面就介紹一下，我們的註解該如何填寫，就可以讓議題做關聯，甚至還可以連動改變議題的狀態唷！

引用問題（References Issues）

使用 `refs` 或 `references` 的關鍵字，就可以來進行「引用」。這種註解，不會改變議題的狀態，只是在議題的活動記錄中新增一個註解，顯示這個 Pull Request 與議題的關聯性。

格式

`refs #<issue_number>` 或是 `references #<issue_number>`

舉例

`Fix typo in documentation refs #123`

這表示會將 Redmine #123 的議題裡面新增一條註解。

關閉問題（Closes Issues）

使用 `closes` 、 `fixes` 或 `resolves` 的關鍵字，就會觸發 Redmine 關閉指定的任務。這些關鍵字將在 Pull Request 被接受後，自動的把議題的狀態更改為關閉狀態（或是你 Redmine 裡面所設定的議題最終結束狀態）。

格式

`closes #<issue_number>` 、 `fixes #<issue_number>` 或是
`resolves #<issue_number>`

舉例

`Fixes issue with user login closes #123` ，這表示會將 Redmine
#123 的議題裡面新增一條註解以外，也會進行議題的狀態關閉。

✍ 多個議題

有時候你可能發現改一段程式碼，就可以同時處理很多個議題，你一樣
可以用一個 Pull Request 來處理，只需使用逗號或空格來分隔它們。

舉例

`Addressed multiple bugs fixes #301, closes #302` ，這表示會將 #301
和 #302 的議題都進行關閉，並且也增加對應的註解。

小試身手案例實作 ....

假設你有以下 Redmine 議題要處理：

🔍 議題 #101 需要引用，但不關閉。

🔍 議題 #102 需要關閉。

🔍 議題 #103 也需要關閉。

那麼你在你的 Pull Request 的註解，就可以這樣寫

```
Refactored user authentication logic, refs #101, closes
#102, fixes #103
```

6-12

我可以如何跨專案篩選議題？

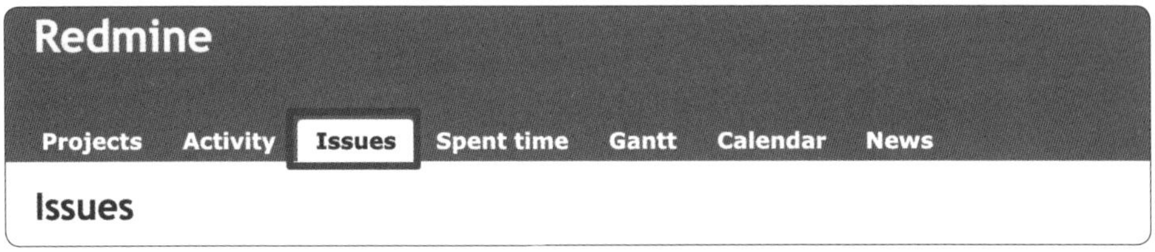

◎ 圖 6.81

Filters

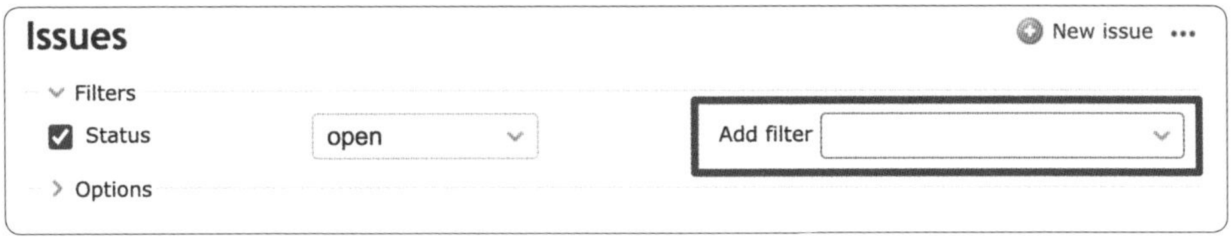

◎ 圖 6.82

Filters 用來設定特定條件，使得議題列表中只會顯示符合這些條件的議題。每個篩選器都可以設定不同的條件組合來過濾議題。

這個 Filter 在使用上有一些條件：

多個篩選條件

你可以同時使用多個篩選條件，但這些條件之間通常是「與」（AND）的邏輯關係，即必須同時滿足所有條件的議題才會顯示。

可能因為使用者帳號權限而被限制

某些篩選器可能基於使用者權限而不同，例如「分配給我」的篩選器只有在使用者帳號擁有檢視議題的權限時才會顯示。

範圍限制

篩選器通常適用於當前檢視的專案範圍，無法跨專案篩選議題，除非是在外部跨專案的時候篩選，才能夠把所有的專案議題一起進行篩選。

常態來說，基本上至少可以用來做 Filter 條件的欄位有下這些：

Status：可以篩選出特定狀態的議題，如「開啟」、「已解決」、「關閉」等。

Assigned to：篩選出指定指派給某一使用者帳號或群組的議題。

Start date/Due date：可設定特定日期範圍內的議題，過濾出在該範圍內開始或結束的項目。

Priority：根據優先級別篩選議題，如「高」、「中」、「低」等。

○ Tracker：可以按 Tracker 篩選議題，例如「錯誤報告」、「新功能」等。

○ 其他自訂欄位：如果專案中有自訂欄位，這些欄位也有設定可以作為篩選條件使用，那麼就會出現在選項中。

Options

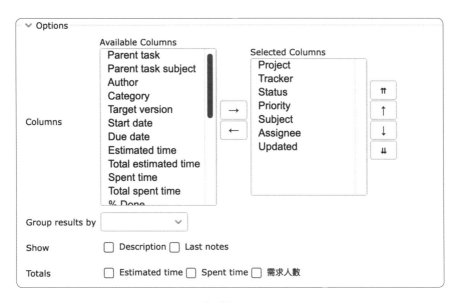

◎ 圖 6.83

Options 是針對 Filter 結過設定更具體的呈現條件，你可在這邊選擇要呈現出哪些欄位、你要用哪一個欄位做分組，甚至對於數值的欄位是否需要做加總，都可以在這邊做設定。

6-13

常用的篩選條件，可以儲存下來下次使用嗎？

當然是可以的！

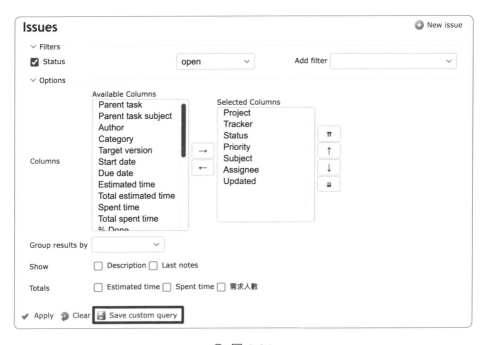

◎ 圖 6.84

如果現在這個篩選條件就是你所想持續使用的條件，你就可以點擊 Save Custom Query 來進行篩選的儲存。

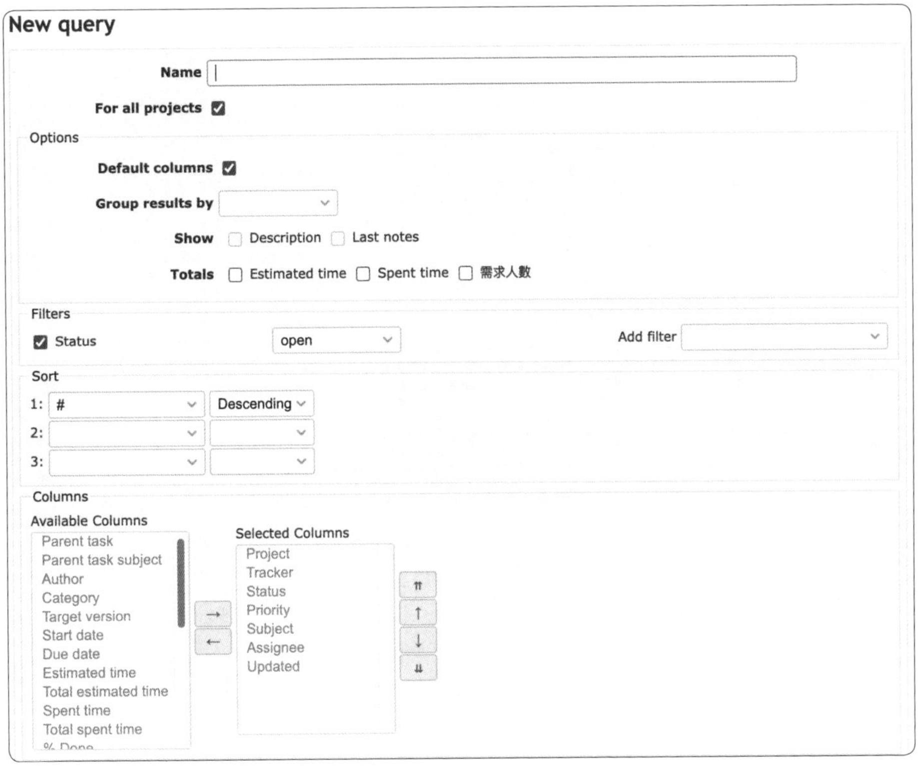

◎ 圖 6.85

在進行儲存的確認的時候，它會把你相關的條件都進行呈現，讓你再做一次確認，不過就算想要後續再調整也是沒問題的，所以可以不用太緊張！

唯一一個要注意的部分是，當你在儲存 Query 的時候，也同時會詢問你分享的權限，你可以儲存給大家使用，也可以專門給自己使用，這部分在依照你的實際狀況進行選擇就可以囉！

MEMO

chapter 7

團隊協作

7-1

要如何登記工時呢？

登記工時最常用的入口有兩個

◎ 圖 7.1

第一個就是直接在議題裡面，進行登記工時。

Spent time

Issue 🔍 2	招聘職缺 #2: 前端工程師
User *	<< me >>
Date *	2024/08/19 📅
Hours *	
Comment	
Activity *	--- Please select ---

Create | Create and add another | Cancel

◎ 圖 7.2

從議題入口進入填寫是最方便的，只需要填入時數和工時類型就可以。

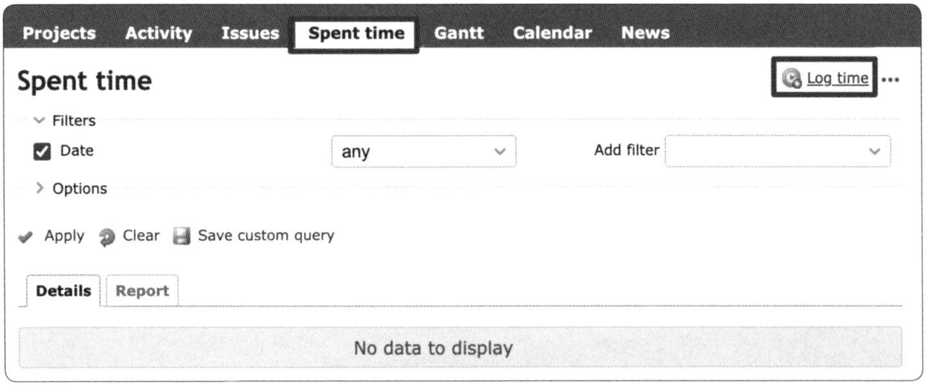

Projects　Activity　Issues　**Spent time**　Gantt　Calendar　News

Spent time　　　　　　　　　　　　　　　　🌐 Log time ...

⌄ Filters
☑ Date　　　　　　　any ⌄　　　　Add filter ⌄
> Options

✔ Apply　🔄 Clear　💾 Save custom query

Details　Report

No data to display

◎ 圖 7.3

另一個就是在專案頁面裡面，切換到 Spent Time 功能頁面，也可以看到 Log Time 功能按鈕。

Spent time

Issue	🔍
User *	<< me >> ∨
Date *	2024 / 08 / 19 📅
Hours *	
Comment	
Activity *	--- Please select --- ∨

Create | Create and add another | Cancel

◎ 圖 7.4

如果是從外部進行議題填寫，就需要多一個找出議題的操作，我自己會比較習慣直接從議題入口進行填寫，因為畢竟能省一個操作就少一個操作 (笑)。

7-2

如何統計和分析團隊的工時數據？

Redmine 在工時統計這邊就有一個很適用的 Report 功能，可以幫你快速地進行工時統計彙整。

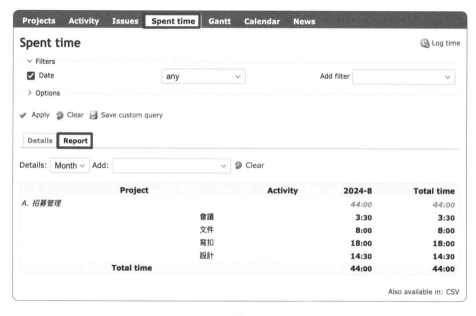

◎ 圖 7.5

在專案的 Spent Time 功能頁面中，切換到「Report」就可以進行統計。

◎ 圖 7.6

你可以在「Details」選項中，選擇要以日、週、月、年的方式來做統計，並且也可以決定要以哪些項目做分組的統計。

7-3

我希望在工時紀錄的時候，要求使用者一定要撰寫回應或是議題的欄位，是可以設定的嗎？

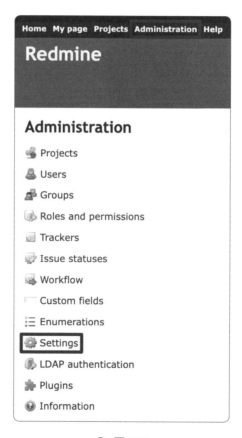

◎ 圖 7.7

首先請使用 Admin 權限的帳號，由上方點擊進入「Administration」後，選擇「Settings」就會進入到設定頁面。

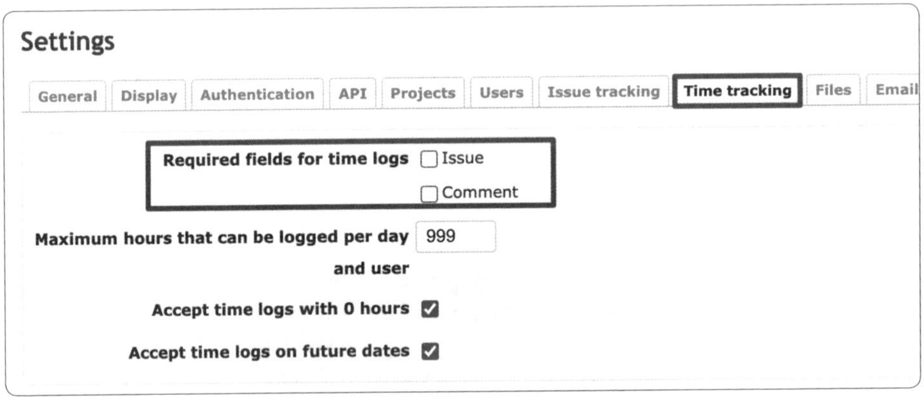

Settings

| General | Display | Authentication | API | Projects | Users | Issue tracking | **Time tracking** | Files | Email |

Required fields for time logs ☐ Issue
☐ Comment

Maximum hours that can be logged per day `999`
and user

Accept time logs with 0 hours ☑

Accept time logs on future dates ☑

◎ 圖 7.8

找到 Time Tracking 的功能頁面，你就會看到「Required Fields For Time Logs」的兩個選項，只要進行勾選，就會變成必填的要求！

7-4

公司要求請假也要寫工時，
我可以填寫未來時間的工時紀錄嗎？

當然是可以的！

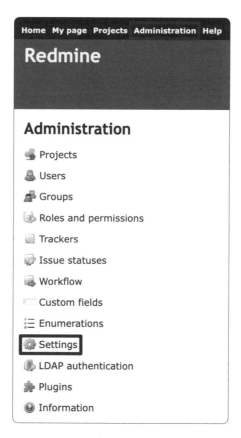

◎ 圖 7.9

首先請使用 Admin 權限的帳號,由上方點擊進入「Administration」後,選擇「Settings」就會進入到設定頁面。

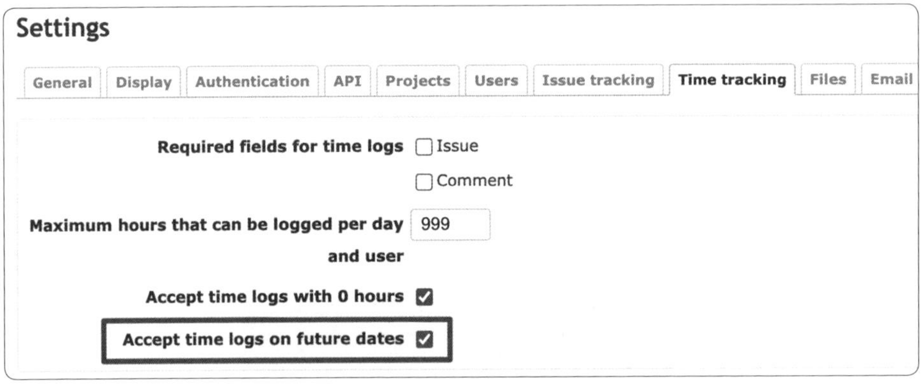

◎ 圖 7.10

找到 Time Tracking 的功能頁面,你就會看到「Accept Time Logs on Future Dates」的選項,只要進行勾選,你就可以填寫未來的工時囉!

7-5

如何使用 Redmine 的行事曆功能來管理議題？

Calendar

∨ Filters
☑ Status　　　　　　open ∨　　　　　　　　　　　　　　　　　　　　Add filter ∨

Month August ∨ Year 2024 ∨　✔ Apply　🔄 Clear　💾 Save custom query　　　　　« July　September »

	Sunday	Monday	Tuesday	Wednesday	Thursday	Friday	Saturday
31	28	29	30	31	1	2	3
32	4	5	6	7	8	9	10
33	11	12	13	14	15	16	17
34	18　A. 招募管理 - ➡ 招聘人選 #3: 許士哲　A. 招募管理 - ➡ 招聘職缺 #2: 前端工程師	19	20	21	22	23	24
35	25	26	27	28	29	30	31

➡ issue beginning this day
➡ issue ending this day
◆ issue beginning and ending this day

(◎) 圖 7.11

如果你想要以行事曆做好管理議題，最重要的一個前提就是要確定議題的「開始日期」和「到期日期」都是有進行設定的，這樣議題才能夠被正確的放在行事曆上面呈現。

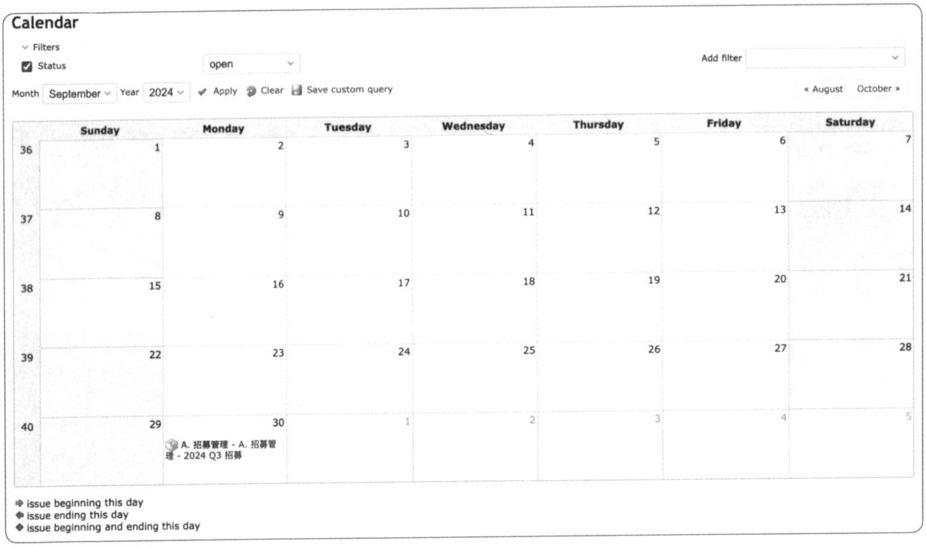

◎ 圖 7.12

除了議題以外,如果你有設定 Version,並且也有設定日期,也會出現在 Calendar 上面提醒你!

7-6

Wiki 是可以用來做什麼？
有沒有使用的場景？

Wiki 顧名思義，就是類似於一個協作式的筆記本或知識庫。每個專案都可以擁有自己的 Wiki，你可以在其中建立多個頁面，並通過連結將這些頁面組織在一起。而且 Redmine 的 Wiki 還擁有保留版本歷史的功能，方便隨時回溯或恢復到以前的版本。

以下是幾個常見的應用場景：

技術文件

在軟體開發專案中，你可以使用 Wiki 來記錄 API 規格文件、系統架構設計、安裝指南等技術細節，方便團隊成員檢視和更新。

流程指南

如果你的專案涉及到複雜的操作流程或工作流程，可以在對應專案裡面的 Wiki 上建立詳細的操作手冊或流程圖，方便檢視。

相關知識共享

在一些需要分享專業知識的專案中（例如使用者研究、諮詢等等類型的專案），Wiki 就可以用來作為知識庫，變成幫助團隊

來收集、組織各種主題的資料和學習筆記，而且團隊成員可以共同維護這些內容，變成一個持續增長的學習資源。

○ 會議記錄

在專案會議後，你可以在 Wiki 中記錄會議討論內容、決策和待辦事項。

以上都是我在使用 Redmine 上很實際有使用 Wiki 來實作的案例，相信還有更多發揮的空間，就等你來嘗試囉！

7-7

Forums 和 News 差別在哪裡？

在 Redmine 裡，Forums（論壇）和 News（新聞）這兩個模組的主要目的，都是為了加強專案裡的溝通和分享資訊的連結，但它們本質當然還是有所不同的！

Forums 更像是一個討論區，大家可以在這裡發表問題、討論解決方案、分享想法。你可以把它當成一個線上的會議室，大家可以針對某個話題進行深入的互動和討論，隨著時間發展，可以不斷地更新和補充，適合長期的交流，比如討論技術細節、解決問題或分享知識。

News 模組則是用來發佈重要的公告或更新的。它的目的是讓大家都知道專案中的重大消息，更像是一個公告欄，用來單向地傳遞資訊，比如通知大家里程碑達成、新功能發佈、專案的重大更新或決策等等。

所以我們可以看出來，這兩個功能最主要就是傳遞方式的差異，Forums 是一個互動性強的雙向溝通平台，專注於交流和討論。大家都可以參與、發表意見，適合長期討論和多次互動；News 更像是一個公告欄，專注於簡單明瞭地傳達重要資訊，不需要太多的互動，主要是單向的來告知大家為主！

MEMO

8
chapter

自訂與擴充功能

8-1

除了議題可以自訂新增欄位以外，還有其他地方可以自訂欄位嗎？

當然除了議題可以增加自訂欄位外，Redmine 還允許在許多功能區塊自訂欄位！往下介紹我最常使用到的自訂區域和使用的場景。

Projects

你可以在專案中添加自訂欄位，用來記錄專案的額外資訊，例如「預算」、「項目類型」、「客戶名稱」等等。這些欄位可以幫助你更好地管理和分類不同的專案。

Versions

在版本管理中，你可以添加自訂欄位來跟蹤每個版本的特定資訊，例如「發佈類型」、「測試狀態」、「文件網址」等。

Spent Time

你可以在工時登記中添加自訂欄位，記錄更多有關工時的細節，例如有的公司可能有分很細的「成本中心」甚至可以註記是否為「加班」等。

☑ Users

可以用自訂欄位記錄使用者帳號的額外資訊，例如「職位」、「部門」、「聯繫電話」、「工作地點」、「緊急聯絡人」。

☑ Groups

在群組內當然你也可以添加自訂欄位來記錄額外的資訊，舉例「團隊類型」、「職能部門」等。

☑ Documents

在文件添加自訂欄位，可以像是「機密級別」、「文件狀態」、「版本號」等。

8-2

在哪邊可以找到 Redmine 的擴充套件？

☑ 1.Redmine 官方網站

```
https://www.redmine.org/plugins
```

這是由官方整理收錄的擴充套件庫，基本上第一時間可以先從這邊找最方便。

☑ 2.Redmine 官方網站論壇

```
https://www.redmine.org/projects/redmine/boards/3
```

除了在官方收錄的頁面，也可以到官方的論壇裡的擴充套件主題看到不同的擴充套件分享與討論。

☑ 3.GitHub

```
https://github.com/search?q=redmine+plugin&type=repositories
```

並不是所有的擴充套件都有被官方收錄到，那麼我們就可以到 GitHub 上面找尋漏網之魚，你只需要使用關鍵字「redmine」和「plugin」，相信就可以找到很多不同的擴充套件可以做嘗試。

8-3

如何幫 Redmine 安裝擴充套件？

以下是以使用 Mac 並且透過 Docker 啟動 Redmine 的環境下，來進行安裝擴充套件 Plugins 的步驟：

☑ 1. 確定 Docker 容器的名稱

首先，我們需要確定正在運行 Redmine 的 Docker 容器名稱，可以使用以下命令來檢視所有正在運行的容器：

```
docker ps
```

這個命令會列出所有正在運行的容器，其中包含容器的 ID 和名稱。找出與 Redmine 相關的容器名稱，記住它以便後續使用。

☑ 2. 進入 Docker 容器

把剛剛的容器名稱，使用以下命令進入 Redmine 的 Docker 容器中：

```
docker exec -it [容器名稱] bash
```

務必要將 [容器名稱] 替換為你在前一步中查找到的 Redmine 容器名稱。這個命令會讓你進入到容器的命令行環境中。

3. 切換到擴充套件的目錄

因為我們準備要安裝擴充套件，所以我們必須把位置切換到 Redmine 的擴充套件資料夾。

```
cd /usr/src/redmine/plugins
```

4. 下載並安裝擴充套件

你可以使用 `git` 來下載所需要的擴充套件

```
git clone https://github.com/example/redmine_example_plugin.git
```

或者如果你找到的擴充套件是 ZIP 的檔案網址，那就換成使用 wget 直接下載擴充套件的壓縮檔案。

```
wget https://example.com/redmine_example_plugin.zip
```

接著解壓縮至擴充套件資料夾

```
unzip redmine_example_plugin.zip
```

5. 安裝擴充套件依賴

通常我們安裝新的擴充套件的時候，有可能會有其他需要配套依賴安裝，我們可以執行以下指令就能來安裝所有依賴軟體：

```
bundle install --without development test
```

📝 6. 進行資料庫結構更新

有些擴充套件會需要更新資料庫結構，那麼你可以通過以下指令進行更新

```
bundle exec rake redmine:plugins:migrate RAILS_ENV=production
```

📝 7. 重啟 Docker

在完成所有步驟後，我們需要重啟 Redmine 的 Docker 來使擴充元件生效

```
docker restart [容器名稱]
```

記得要把 [容器名稱] 替換為你的 Redmine 容器名稱唷！（前面記錄下來的那個名稱！）

📝 8. 檢查擴充套件是否安裝成功

重新啟動後，你就可以登入 Redmine 檢視 Plugin 頁面，確認是否成功安裝並啟用。

8-4

常見、推薦的 Redmine 擴充套件有哪些？

在 Redmine Plugin 的市集中，我從眾多選項中挑選出了這 6 個精選的擴充套件，這些是我認為如果你安裝了 Redmine，你一定也會想要安裝的 Plugin！讓我們一起來看看吧！

☑ WYSIWYG Editor

Plugin 網址：

```
https://www.redmine.org/plugins/redmine_wysiwyg_editor
```

雖然 Redmine 有支援 Markdown 語法，但是這個語法對於非工程師的使用者很不友善，考慮使用者的涵蓋性，安裝這個編輯器可以加快大家撰寫文件上的熟悉與效率。

☑ Ajax Redmine Issue Dynamic Edit

Plugin 網址：

```
https://www.redmine.org/plugins/redmine_issue_dynamic_edit
```

Redmine 的編輯功能，是一次全數欄位進入編輯狀態，但如果你其實就只是想針對個別欄位去做調整，你可能就會覺得整個編輯頁面都展開是一件很冗余的事情，而這個擴充套件就是可以讓你只針對特定性的欄位去編輯，會讓編輯議題的效率提高不少！

☑ Kanban and checklists plugin

Plugin 網址：

```
https://www.redmine.org/plugins/redmine_kanban
```

如果你是習慣 Trello 的看板方式來看追蹤任務狀況的話，這個 Plugin 超級推薦安裝！它有分三個版本，基本上免費版的看板就足以堪用，並且也支援 Check List 功能，算是裝一個可以抵用多個擴充元件。

☑ Subtask list columns

Plugin 網址：

```
https://www.redmine.org/plugins/subtask_list_columns
```

原本 Redmine 預設在看每個議題下面的子議題，是不能自己客製化欄位的，但是當你真的很深入使用的話，怎麼可能只看預設的資訊？所以這個擴充套件就是可以讓你去調整，到底我在子任務列表中，還想要追加看到哪些資訊。

✐ Redmine draw.io

Plugin 網址：

```
https://www.redmine.org/plugins/redmine_drawio
```

Draw.io 是一個免費繪製流程圖的軟體，在我不同時期階段的公司都有用到這個軟體，而基於 Redmine 預設可以直接預覽的檔案較少，而其實在軟體開發的過程中，一定免不了會用到流程圖，可以直接在 Redmine 上看到流程圖內容，會是更方便直覺的！

✐ Redmine More Previews

Plugin 網址：

```
https://www.redmine.org/plugins/redmine_more_previews
```

這個擴充元件的推薦原因如上一個，對於像是企劃相關的職務人員，更多會用到的就會是像是 Power Point、Word、PDF 等檔案，所以推薦跟上面一個擴充元件都同時安裝，就可以不用一定要下載到電腦才可以檢視檔案。

8-5

如何自訂 Redmine 的佈景主題？

以下是以使用 Mac 並且透過 Docker 啟動 Redmine 的環境下，來進行安裝佈景主題的步驟：

✐ 1. 確定 Docker 容器的名稱

首先，我們一樣需要確定正在運行 Redmine 的 Docker 容器名稱。你可以使用以下指令來檢視所有正在運行的容器：

```
docker ps
```

這個指令會列出所有正在運行的容器，其中包含容器的 ID 和名稱。找出與 Redmine 相關的容器名稱，記住它後續會使用到！

✐ 2. 進入 Docker 容器

使用以下指令進入 Redmine 的 Docker 容器中：

```
docker exec -it [容器名稱] bash
```

記得要將 [容器名稱] 替換為你在前一步中查到的 Redmine 容器名稱，這樣才能成功地進入到對應的 docker 環境中。

3. 切換到佈景主題資料夾目錄

在安裝佈景主題前，我們需要先將資料夾路徑，切換到 Redmine Tthemes 的目錄

```
cd /usr/src/redmine/public/themes
```

4. 下載並安裝樣式

你可以使用 git 下載樣式

```
git clone https://github.com/example/redmine_example_theme.git
```

或者使用 wget 直接下載壓縮檔案

```
wget https://example.com/redmine_example_theme.zip
```

接著要進醒解壓縮

```
unzip redmine_example_theme.zip
```

5. 檢查樣式是否安裝成功

現在你可以你可以登入 Redmine 來檢查佈景主題是否成功安裝並啟用啦！。

8-6

有推薦的 Redmine 佈景主題嗎？

如果你對更多的 Redmine 佈景主題感興趣，可以自行往下參考網站，其中就有列出許多的主題可以選擇，不論是商用還是免費的都有唷！

Redmine 官方網站：

```
https://www.redmine.org/projects/redmine/wiki/theme_list
```

這邊也精選了幾個私心覺得樣式比較不同風格的佈景主題，如果你純粹只是想要嘗試更換看看主題，那就可以往下推薦的清單中，挑選一個你看起來最順眼的佈景來下載、使用囉！

📝 Minimal Flat 2

◎ 圖 8.1

下載網址：

https://github.com/akabekobeko/redmine-theme-minimalflat2

🖋 Minelab

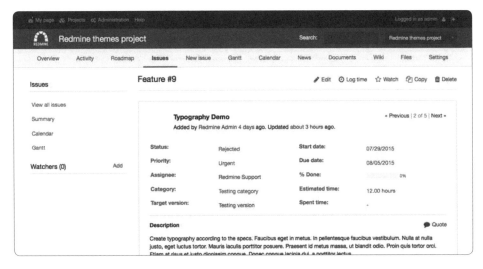

(◎) 圖 8.2

圖 8.2

下載網址：

https://github.com/hardpixel/minelab

RT Material

◉ 圖 8.3

下載網址：

```
https://github.com/fraoustin/RTMaterial
```

Purple Mine2

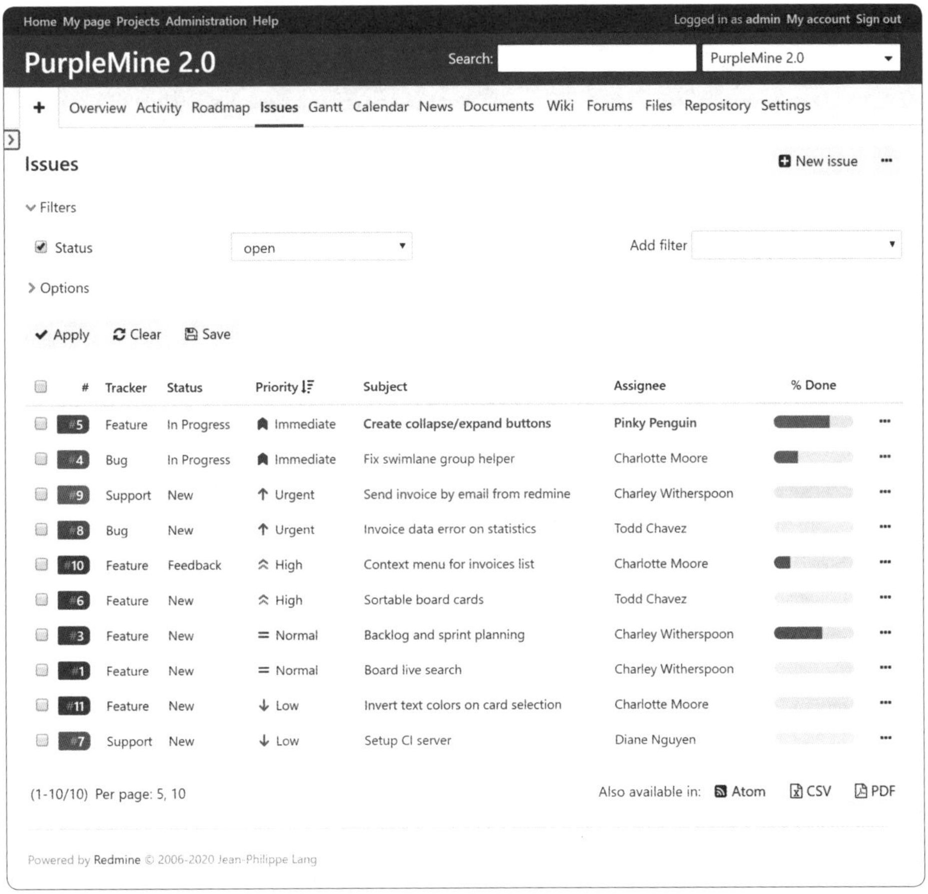

圖 8.4

下載網址：

```
https://github.com/mrliptontea/PurpleMine2
```

✐ Farend Bleuclair

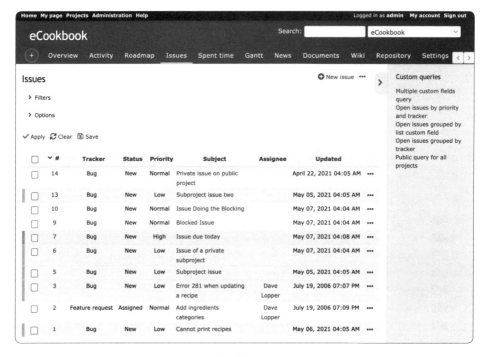

◎ 圖 8.5

下載網址：

https://github.com/farend/redmine_theme_farend_bleuclair

✒ Flatly Light

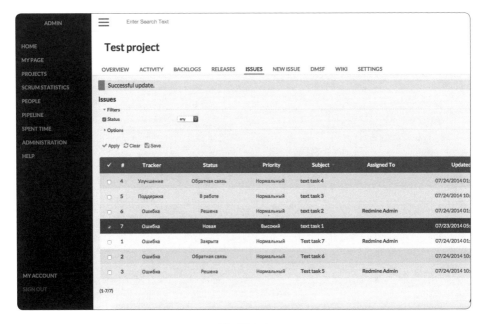

◎ 圖 8.6

下載網址：

```
https://github.com/Nitrino/flatly_light_redmine
```

MEMO

9
chapter

實戰：招募管理

9-1

管理招聘

燃燃科技是一家剛成立的新創公司,致力於開發創新的數位產品和解決方案。公司正在迅速擴充,第三季度的首要任務是為行銷、產品和研發部門招募優秀的人才,第四季度的時候就預計要換招募客服部門的人才。擔任 HR 經理的你身負重任,你決定使用 Redmine 來管理整個招聘流程,確保每個應聘者都能被有效追蹤、及時瞭解進展。

☑ 新增議題自訂欄位

Custom fields　　　　　　　　　　　　　　　⊕ New custom field

| **Issues** | Spent time | Activities (time tracking) |

Name	Format	Required	For all projects	Used by				
需求人數	Integer	✔	✔		↕	🗐 Copy	🗑 Delete
生理性別	List	✔	✔		↕	🗐 Copy	🗑 Delete
手機	Text	✔	✔		↕	🗐 Copy	🗑 Delete
出生年月日	Date	✔	✔		↕	🗐 Copy	🗑 Delete

◉ 圖 9.1

我們這裡假設會有兩種議題類型:一個是徵才職缺類型,會對應需求人數。為了管理需求人數,我們可以新增一個自訂欄位來記錄這些資訊。

另外,針對我們要徵才的候選人,會新增另一個類型的議題,我們假設至少需要知道他們的性別、手機號碼和出生日期等基本資料。這只是個範例,如果你有其他需要記錄的欄位,也可以隨時添加。

✐ 新增 Tracker：招聘職缺

```
Trackers » 招聘職缺

        Name *  招聘職缺                              ✔ Projects
Default status *  開啟招聘  ⌄                         ☑ A. 招募管理
Issues displayed in  ☑                               ☐ B. 員工管理
        roadmap                                          ☐ 客服部人員
    Description                                          ☐ 產品部人員
                                                         ☐ 研發部人員
                                                         ☐ 行銷部人員

 Standard fields  ☐ Assignee
                  ☑ Category
                  ☑ Target version
                  ☐ Parent task
                  ☑ Start date
                  ☑ Due date
                  ☐ Estimated time
                  ☐ % Done
                  ☑ Description
                  ☐ Priority
  Custom fields   ☐ 入職日期
                  ☐ 離職日期
                  ☐ 生理性別
                  ☐ 身分證字號
                  ☐ 手機
                  ☐ 出生年月日
                  ☑ 需求人數
```

◎ 圖 9.2

我們就來新增我們第一個議題的類型招聘職缺，這個招聘職缺可能有分不同的部門，所以我就把分類勾選起來，後續方便做分類。

另一個比較特別的設定是，我有把 Target Version 這一個選項勾起來，是因為我後續會需要把它分配到季度規劃裡面。

最後就是自訂的欄位需求人數，也進行勾選，這樣後續在填寫的時候才
能夠進行登記。

📝 新增 Tracker：招聘人選

Trackers » 招聘人選

Name *	招聘人選
Default status *	履歷篩選 ∨
Issues displayed in roadmap	☐
Description	

Standard fields
- ☐ Assignee
- ☑ Category
- ☑ Target version
- ☑ Parent task
- ☑ Start date
- ☐ Due date
- ☐ Estimated time
- ☐ % Done
- ☑ Description
- ☐ Priority

Custom fields
- ☐ 入職日期
- ☐ 離職日期
- ☑ 生理性別
- ☐ 身分證字號
- ☑ 手機
- ☑ 出生年月日
- ☐ 需求人數

✔ Projects
- ☑ A. 招募管理
- ☐ B. 員工管理
  - ☐ 客服部人員
  - ☐ 產品部人員
  - ☐ 研發部人員
  - ☐ 行銷部人員

◎ 圖 9.3

再來第 2 個新增的議題類型是招聘人選。這個地方可能比較特別的就是有勾選到前面新增的生理性別、手機、出生年月日的自訂欄位。另外招聘的人選一定是基於某一個職缺而新增出來的，所以也特別勾選了父任務的選項，這樣可以將職缺與人選的父子任務關係，做一個明確的呈現。

✏️ Tracker 對應狀態新增

Issue statuses　　　　　　　　　　　　　　　　　⊕ New status

Status	Issue closed	Description		
履歷篩選		招聘人選狀態	↕ 🗑	Delete
電話訪談		招聘人選狀態	↕ 🗑	Delete
主管面談		招聘人選狀態	↕ 🗑	Delete
入職安排		招聘人選狀態	↕ 🗑	Delete
人選不適任	✔	招聘人選狀態	↕ 🗑	Delete
人員取消	✔	招聘人選狀態	↕ 🗑	Delete
人員報到	✔	招聘人選狀態	↕ 🗑	Delete
人員未報到	✔	招聘人選狀態	↕ 🗑	Delete
開啟招聘		職缺狀態	↕ 🗑	Delete
停止招聘	✔	職缺狀態	↕ 🗑	Delete

◎ 圖 9.4

我這邊根據預計徵才人選的狀態設計了一個新的流程，你也可以依照實際的需求來設計流程。以我自己曾經面試流程為例，流程通常會包括履歷篩選、電話訪談、主管面談，以及入職安排。如果發現人選不適任，流程就會在履歷篩選階段結束。此外，如果在過程中候選人取消，還需要新增對應的狀態來表示取消。最後，即使有入職安排，也不代表人選一定會報到，為了完整追蹤，我也將這兩個狀況給予對應的狀態來加入流程。當然實際操作上，你可以根據自己的流程需求，自由增加或修改狀態。

而對於職缺的狀態，我的想法就是很單純的，要麼就是開啟，要麼就是關閉，所以我狀態就只有新增 2 個。

📝 Tracker 招聘職缺 Workflow 設定

Current status	New statuses allowed	
	開啟招聘	停止招聘
New issue	☑	☑
開啟招聘	☑	☑
停止招聘	☑	☑

◎ 圖 9.5

在這邊的流程其實很單純，要麼開啟要麼關閉，所以這 2 個狀態是互相可以作為切換的。

📝 Tracker 招聘人選 Workflow 設定

Current status	New statuses allowed							
	履歷篩選	電話訪談	主管面談	入職安排	人選不適任	人員取消	人員報到	人員未報到
New issue	☐	☐	☐	☐	☐	☐	☐	☐
履歷篩選	☑	☑	☑	☐	☑	☐	☐	☐
電話訪談	☐	☑	☑	☑	☑	☑	☐	☐
主管面談	☐	☐	☑	☑	☑	☑	☐	☐
入職安排	☐	☐	☐	☑	☐	☑	☑	☑
人選不適任	☐	☐	☐	☐	☑	☐	☐	☐
人員取消	☐	☐	☐	☐	☐	☑	☐	☐
人員報到	☐	☐	☐	☐	☐	☐	☑	☐
人員未報到	☐	☐	☐	☐	☐	☐	☐	☑

◎ 圖 9.6

在招聘人選的流程中，設定可能會比較複雜，因此你可以依據實際的流程來安排。以履歷篩選這一部分為例，我可能在篩選後進入下一步的電話訪談，但也有可能某些主管不需要電話訪談，而是直接進入主管面談。因此，我沒有採用一步步固定的方式設定流程，而是採用可以跳過某些步驟的彈性設定，讓流程更符合實際需求。

✍ 新增招募專案

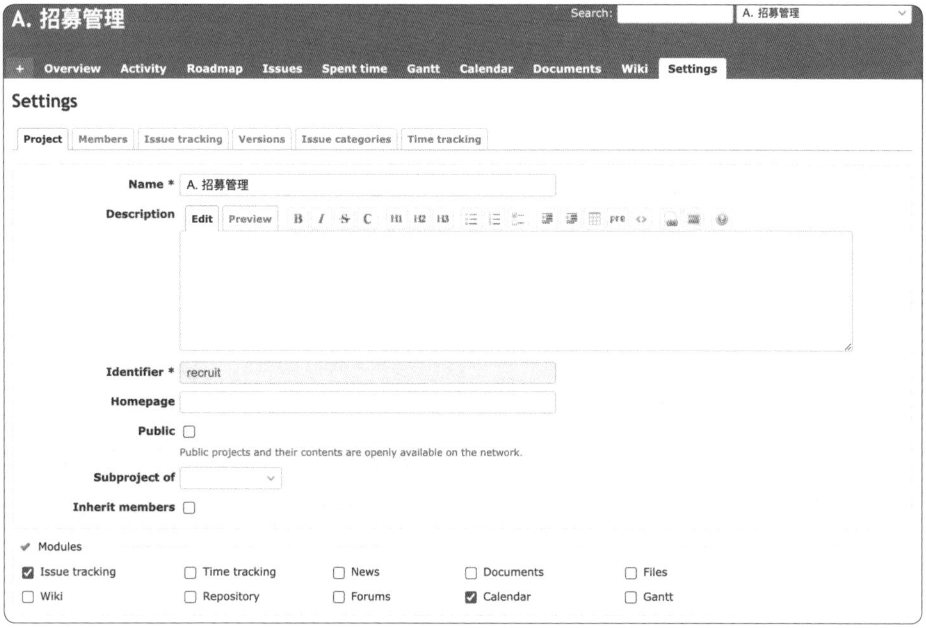

◎ 圖 9.7

在新增議題之前，我們當然需要先建立一個專案，這樣才能新增對應的議題。因此，我建立了一個「招募管理」專案。在這個專案裡，我選擇了兩個主要的功能模組：議題追蹤和日曆。其他功能依照目前的情境我認為暫時用不到，所以就沒有勾選，這樣可以保持畫面的簡潔。

增加 Version 版本

Settings
Project
Members
Issue tracking
Versions
Issue categories
Time tracking
New version
Close completed versions
Filters
Status: open
Version:
Apply
Clear
Version
Default version
Due date
Description
Status
Sharing
Wiki page
2024 Q3 招募
09/30/2024
open
Not shared
Edit
Delete
2024 Q4 招募
12/31/2024
open
Not shared
Edit
Delete

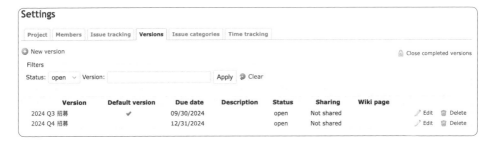

圖 9.8

在這裡我使用了一個比較特殊的設定，就是版本（Version）設定。主要是因為在這個情境案例中，我們的招募計劃分為兩個季度，每個季度都有不同的職缺需求。既然我已經收到了這樣的需求，我就可以提前設定目標。這種目標設定非常適合用版本來規劃，這樣後續你可以在路線圖（Roadmap）中清楚地看到每個階段的進展狀態。

增加 Category

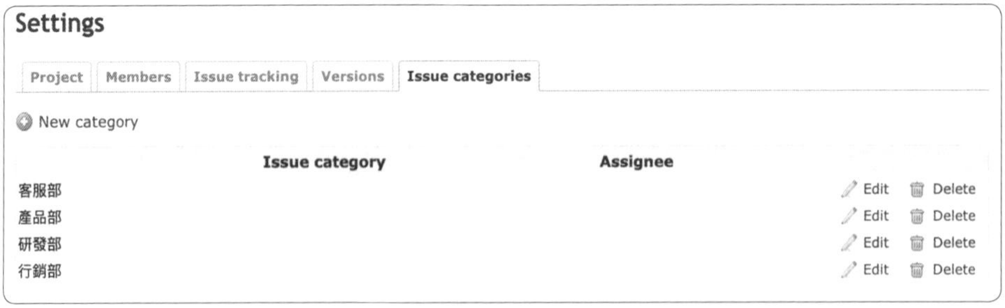

Settings
Project
Members
Issue tracking
Versions
Issue categories
New category
Issue category
Assignee
客服部
產品部
研發部
行銷部
Edit
Delete

圖 9.9

為了後續的議題做一個簡單的分類，所以也新增了議題的類別，我把客服、產品、研發跟行銷各自新增一各類別，方便後面的議題可以做填寫。

新增職缺議題

招聘職缺 #2 OPEN

Edit　☆ Unwatch　Copy　...

前端工程師

« Previous | 3 of 3 | Next »

Added by Redmine Admin 1 day ago. Updated 1 day ago.

Status:	開啟招聘	Start date:	08/18/2024
Category:	研發部	Due date:	
Target version:	2024 Q3 招募		
需求人數:	2		

Subtasks 1 (1 open — 0 closed)　Add

招聘人選 #3: 許士哲　履歷篩選　08/18/2024　...

Related issues　Add

◎ 圖 9.10

為了能夠後續追蹤我們的招聘狀況，我將為對應的職缺建立議題。這裡以前端工程師為例，可以看到在 Version 欄位中特別選擇了「2024 年 Q3 招募」。這樣一來，你可以在 Roadmap 上清楚看到招聘進度的呈現方式。

✏️ 新增人選議題

◎ 圖 9.11

人選的議題的部分，其實我就是延續著在上一個招聘的職缺之下，直接
新增了一個子議題。

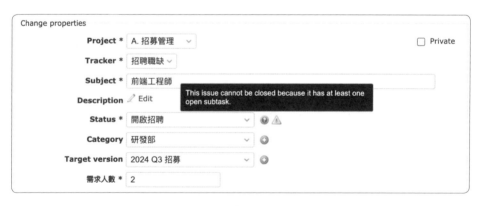

◎ 圖 9.12

而新增完成之後，這個父子議題就會互相影響，當我子議題狀態沒有在關閉時，父議題就沒有辦法更改狀態到關閉，讓你確切的檢查自己相關的子任務狀態。

☑ 透過 Roadmap 追蹤狀態

◎ 圖 9.13

由於我在前面的議題中都有選擇對應的版本（Version），因此在專案的路線圖（Roadmap）裡，可以清楚看到相關的招募進度。以目前這張圖片為例，我們的案例提到第一季度要招聘前端工程師和後端工程師，而第四季度則是客服專員。因此，我提前建立了對應的版本，並將相關的招聘職缺議題也建立起來。當某個招聘職缺完成時，你會在路線圖上看到進度條的呈現，這樣的視覺化方式更加直觀。

9-2

管理職缺內容與要求

隨著招聘工作的展開，你發現不同部門對職缺的需求各不相同，而且在過程會有不斷地修改，原本都只是在議題裡面登記職缺要求，這樣變得很不好統一管理。

為了更好地管理這些職缺資訊，你決定在 Redmine 中撰寫相關的 Wiki 詳細記錄和跟蹤每個職缺的內容和要求，確保招聘過程中的每一步都能順利進行，後續要追縱以前的條件也會更加方便。

✏️ 專案增加 Wiki 功能

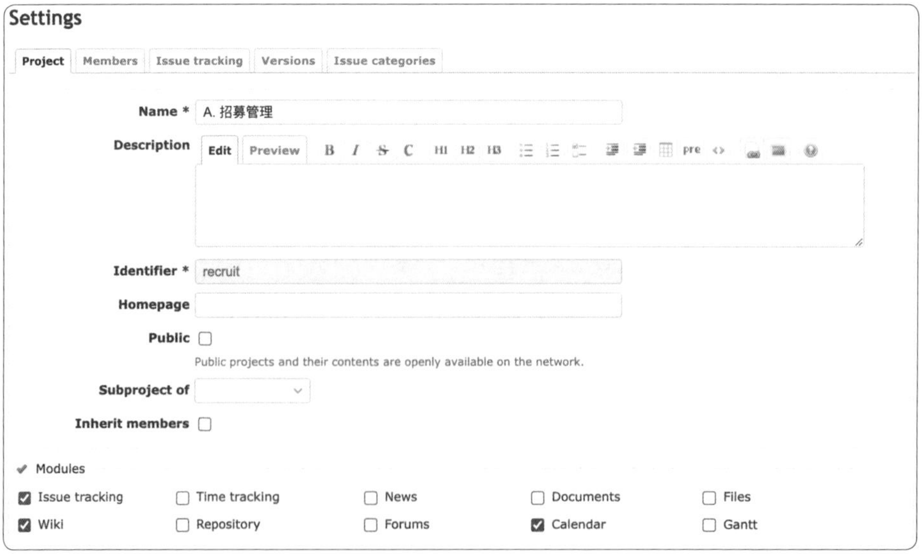

◎ 圖 9.14

我們在上一各單元的時候並沒有增加 wiki，因為那個時候並沒有這樣的需求，但是在這個時候我們需要它了，所以現在必須把它開啟，後面我們才可以進行內容的新增。

進行職缺內容 Wiki 添加

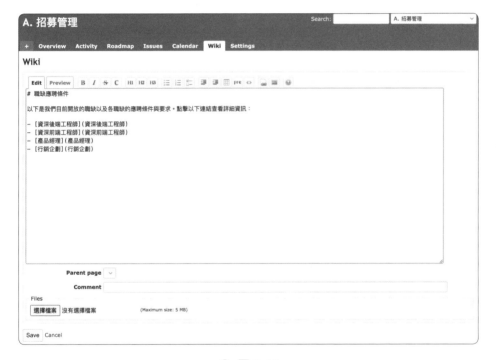

◎ 圖 9.15

因應我們的相關的案例，所以我們這邊就進行了相關職缺的內容增加，
Wiki 的內容是使用 markdown 的語法來進行填寫的。

Wiki   ✏ Edit   ⭐ Watch   •••

職缺應聘條件

以下是我們目前開放的職缺以及各職缺的應聘條件與要求。點擊以下連結查看詳細資訊：

- 資深後端工程師
- 資深前端工程師
- 產品經理
- 行銷企劃

> Files (0)

Updated by Redmine Admin 22 minutes ago · 2 revisions

Also available in: PDF | HTML | TXT

◎ 圖 9.16

完成編輯以後就可以看到像是如圖片一樣的畫面呈現，就很像是你自己
做的一個維基百科一樣，都可以進行連結編輯檢視。

✒ 進行職缺內容修改

這時候我們來模擬，如果當我們原本寫好的職缺條件已經有需要修改的
地方，那我們會如何去調整呢？

Wiki »

資深後端工程師

⟋ Edit　★ Watch　•••

職務描述：

- 負責設計、開發和維護高效的後端系統。
- 確保系統的穩定性和可擴展性，並進行性能優化。
- 與前端工程師和產品經理合作，實現技術需求和功能開發。
- 寫出高品質的代碼，並進行代碼審查。

應聘條件：

- 計算機科學或相關領域的學士學位，或具備相當的工作經驗。
- 至少3年後端開發經驗，熟悉一種或多種後端框架（如 Spring、Django、Ruby on Rails）。
- 熟悉資料庫技術（如 MySQL、PostgreSQL），具備數據庫設計與優化經驗。
- 熟悉 RESTful API 設計與實作，具備微服務架構經驗者優先。
- 具備良好的溝通能力，能與跨部門團隊有效合作。

加分條件：

- 具備 DevOps 經驗，熟悉 Docker、Kubernetes 等技術。
- 具備雲端服務架構經驗（如 AWS、GCP）。
- 具備大規模系統設計經驗。
- 熟悉 Golang 者尤佳

❯ Files (0)

Updated by Redmine Admin 22 minutes ago · 2 revisions

Also available in: PDF | HTML | TXT

◎ 圖 9.17

我們這邊就以資深後端工程師為舉例，那進到這個頁面以後，在右上角有 Edit 的按鈕進行點擊以後就可以進行編輯。

◎ 圖 9.18

在這裡進行編輯調整後，請記得在下面的 comment 欄加上此次調整的範圍和內容，作為一個簡單的提要。

這樣的動作可以幫助你回顧這次的變動。雖然 Redmine 會完整記錄所有變動細節，但一個簡單的提示可以讓你對這次的調整有更清楚的印象，方便未來回顧時知道自己調整了什麼。

檢視職缺修改版本變化

圖 9.19

現在我們已經完成編輯，如果要檢視歷史記錄，可以點擊右上角的三個點，打開選項清單，然後選擇 History 歷史紀錄這個選項，就可以看到相關的變動記錄。

◎ 圖 9.20

此時，你在畫面上會看到兩個版本。如果之後有更多版本，你可以選擇想要比較的版本項目，然後點擊頁面最上方或最下方的「比較」按鈕。這樣，你就可以檢視這兩個版本之間的差異，清楚了解內容的變動情況。

◎ 圖 9.21

在這個畫面，你就可以看到我們選擇的這 2 個版本到底有哪些地方做了修改跟刪除，這一切都可以看得非常的清楚！

9-3

人員入職

千辛萬苦！我們順利的招募到第一位員工，老闆說後續相關的專案進度管理，打算直接就一直使用 Redmine，這樣就表示後續新進的員工，都需要添加帳號。你想了想，既然都要添加帳號了，不如就也直接利用 Redmine 來管理員工資料吧！

☑ 新增 User 自訂欄位

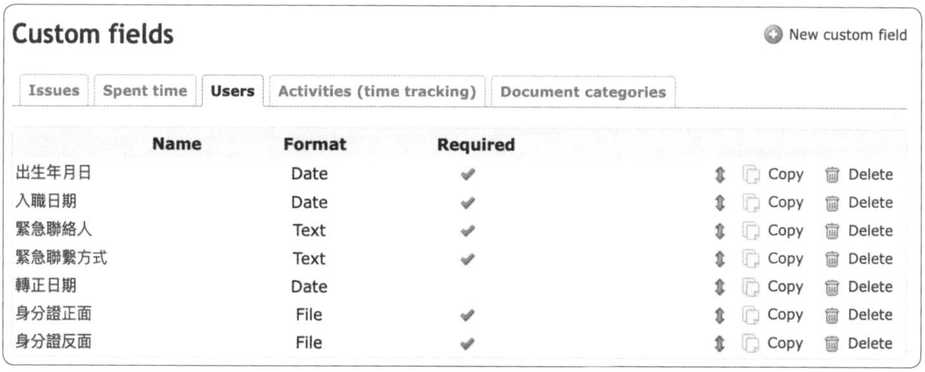

Custom fields			

Issues	Spent time	**Users**	Activities (time tracking)	Document categories

	Name	Format	Required			
出生年月日		Date	✓	↕	🗋 Copy	🗑 Delete
入職日期		Date	✓	↕	🗋 Copy	🗑 Delete
緊急聯絡人		Text	✓	↕	🗋 Copy	🗑 Delete
緊急聯繫方式		Text	✓	↕	🗋 Copy	🗑 Delete
轉正日期		Date		↕	🗋 Copy	🗑 Delete
身分證正面		File	✓	↕	🗋 Copy	🗑 Delete
身分證反面		File	✓	↕	🗋 Copy	🗑 Delete

◎ 圖 9.22

在這邊參考圖片可以看到我對 User 新增了幾個欄位，當然這個也是依照實際你希望在員工資料裡面記錄什麼，你就可以添加什麼，往下會講幾個比較特別的設定。

Custom fields » Users » 出生年月日

Format	Date
Name *	出生年月日
Description	

Default value yyyy/月/dd

Link values to URL

Required ☑
Visible ☑
Editable ☐
Used as a filter ☑

Save

◎ 圖 9.23

可以看到，在出生年月日這邊，我設定的是必填、看得到、不可編輯、可以拿來做篩選。

Custom fields » Users » 緊急聯絡人

Format	Text
Name *	緊急聯絡人
Description	

Min - Max length [ ] - [ ]

Regular expression
eg. ^[A-Z0-9]+$

Text formatting ☐

Default value

Link values to URL

Required ☑
Visible ☐
Editable ☑
Used as a filter ☐

Save

◎ 圖 9.24

然後在緊急聯絡人這邊，我選擇的是必填，可以被編輯，但是不會被看到，也不會被拿來做篩選。

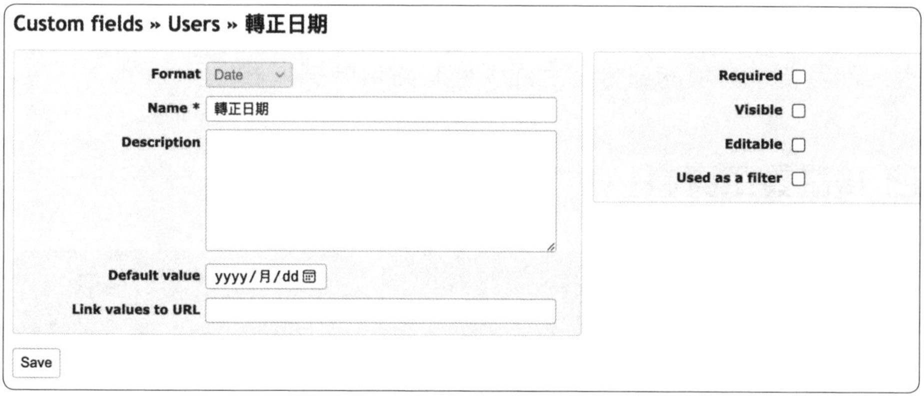

Custom fields » Users » 轉正日期
Format
Date
Name *
轉正日期
Description
Default value
yyyy/月/dd
Link values to URL
Save
Required
Visible
Editable
Used as a filter

圖 9.25

轉正日期，我就沒有設定任何的特別條件。

新增新員工資料

Users » jdoe
General
Groups
Projects
Information
Login *
jdoe
First name *
John
Last name *
Doe
Email *
jdoe@example.com
Language
English
出生年月日 *
1990/10/20
入職日期 *
2024/08/06
緊急聯絡人 *
S
緊急聯繫方式 *
1111-222333
轉正日期
yyyy/月/dd
身分證正面 *
身分證反面 *
Administrator

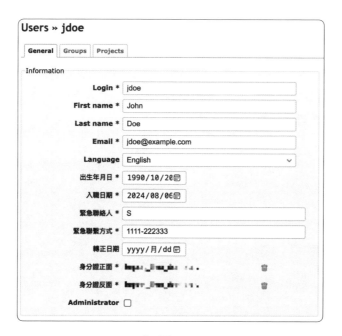

圖 9.26

這個是以系統管理者的角度去看的使用者資料修改，所有的欄位都會出現，而且要求必填的部分在上面就會有必填的選項做提示。

✐ 檢視員工資料

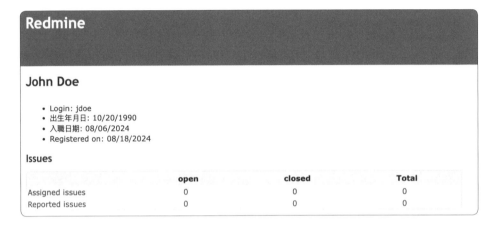

◎ 圖 9.27

在這裡，你可以看到「可見」欄位的設定會影響你在檢視員工資料時，能夠看到哪些欄位的內容。如果某個欄位未設定為「可見」，那麼在檢視資料時，該欄位的內容將不會顯示。

新員工自行編輯更新資料

My account

Information

First name *	John
Last name *	Doe
Email *	jdoe@example.com
Language	English
Two-factor authentication	Enable authenticator app
緊急聯絡人 *	S
緊急聯繫方式 *	1111-222333

Save

◎ 圖 9.28

然後從員工的角度來看，除非我們設定可以被編輯的欄位，他在自己的帳號資料這邊才會出現，才可以由他去進行編輯，如果沒有設定可以被編輯的話，在這邊是不會出現的。

找出當月入職員工

我們在上面的設定中有一些欄位，我們設定的可以被篩選，所以我們這邊就示範一下，如果我設定為可以被篩選的話，我可以怎麼做使用？

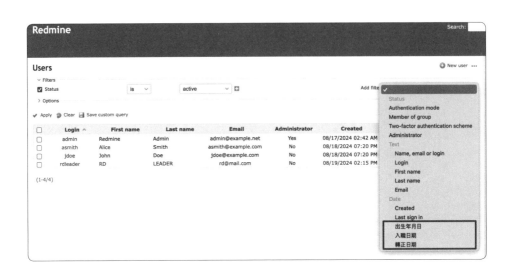

(◎) 圖 9.29

只要我們有被設定為可以被篩選的欄位，你就可以在我們的搜尋清單這
邊加入篩選條件的時候，看到那個欄位變成選項出現，你就可以選取這
個欄位來進行篩選。

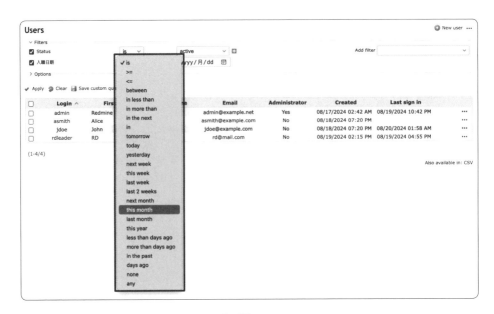

(◎) 圖 9.30

每個不同篩選條件可能就有一些自己不一樣的設定邏輯，那以我現在進行的是日期，可以看到就有一些跟日期比較相關的篩選條件。

我們這次的案例是想要找到當月入職的人，所以我們就選擇 this month 這個選項來進行篩選。

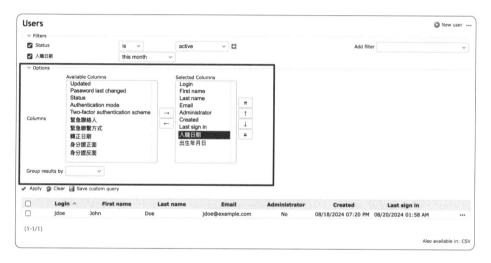

◎ 圖 9.31

除了篩選條件以外，你也可以增加呈現的欄位資料。譬如現在我就想要增加入職日期跟出生年月日在我的篩選列表上面，那我就可以進行欄位新增挑選，等一下搜尋出來的結果，就會把這 2 個欄位一起呈現。

◎ 圖 9.32

這個時候你就可以看到這個説入職的人員，還有我剛剛新增的 2 個欄位，也一起呈現在列表上面。如果現在這個搜尋是你比較常態常常使用到的，就可以把它存起來，後續你就可以直接一鍵按下你存起來的搜尋條件，就直接以這個條件來做搜尋跟篩選和檢視。

10 chapter

實戰：生活管理

在這個章節，我們就不用常見的目標、任務管理的案例實作，我們要腦洞大開，用一些天馬行空的做法，來實踐一些生活紀錄！

10-1

心情狀態

 新增專案

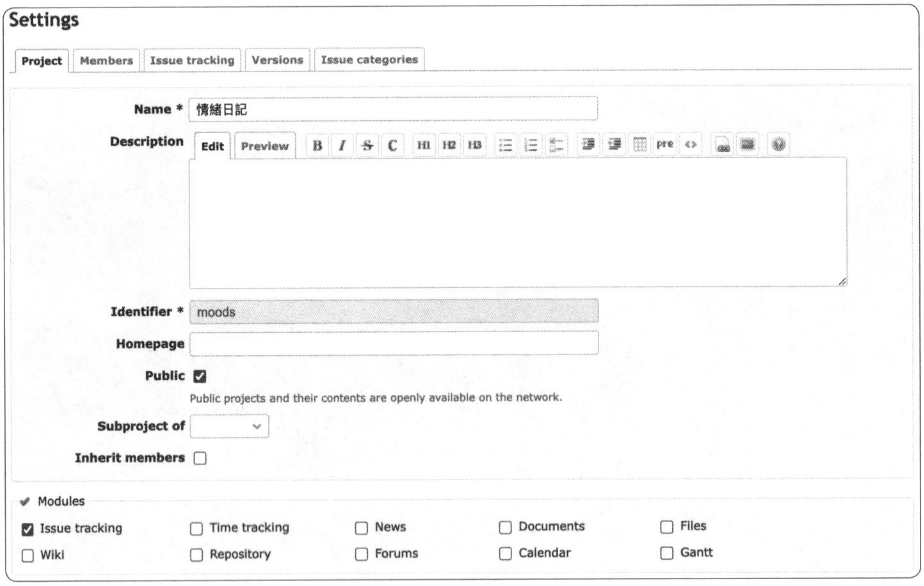

Settings

| Project | Members | Issue tracking | Versions | Issue categories |

Name * 情緒日記

Description Edit Preview B I S C H1 H2 H3 ≔ ⋮≡ ⋮≣ ⇥ ⇤ ▦ pre <> 🖼 🖼 ⓞ

Identifier * moods

Homepage

Public ☑
Public projects and their contents are openly available on the network.

Subproject of [　　　 ∨]

Inherit members ☐

✓ Modules
☑ Issue tracking　　☐ Time tracking　　☐ News　　☐ Documents　　☐ Files
☐ Wiki　　☐ Repository　　☐ Forums　　☐ Calendar　　☐ Gantt

◎ 圖 10.1

首先一定是要新增一個專案，那這個專案主要我只會使用到議題的功能，那我們就只開啟這個部分，其他我們都關閉。

✍ 自訂 Tracker

Trackers » 心情

Name *	心情
Default status *	開心
Issues displayed in roadmap	☐
Description	

Standard fields
☐ Assignee
☐ Category
☐ Target version
☐ Parent task
☑ Start date
☐ Due date
☐ Estimated time
☐ % Done
☐ Description
☐ Priority

Custom fields
☐ 讀後感
☐ 評分
☐ 金額
☐ 日期

✔ Projects
☑ 情緒日記
☐ 書籍閱讀
☐ 記帳系統

◎ 圖 10.2

新增了一個新的議題類型，主要就是當然是拿來記錄心情的。唯一可能會用到的欄位就是紀錄是哪一天的心情，所以在這邊就把所有的欄位都取消，只保留開始日期這個欄位。

📝 新增狀態 Status

Status	Issue closed	Description			
				New status	
開心	✔	情緒狀態	↕	🗑	Delete
憤怒	✔		↕	🗑	Delete
憂鬱	✔		↕	🗑	Delete
興奮	✔		↕	🗑	Delete
普普	✔		↕	🗑	Delete

◉ 圖 10.3

在狀態的設定上，我做了一些比較特別的安排。可以看到，我新增了五個不同的狀態，但這五個狀態我全部都設定為「結束狀態」。這麼設定的原因是，當這個議題在當下記錄完後，它就已經算是完成了，不需要再進行額外的狀態變化，因此我將這幾個狀態都設定為結束狀態，這樣可以更簡潔地管理議題的進度。

📝 設定 Workflow

✔ Current status	New statuses allowed				
	✔ 開心	✔ 憤怒	✔ 憂鬱	✔ 興奮	✔ 普普
✔ New issue	☑	☑	☑	☑	☑
✔ 開心	☑	☑	☑	☑	☑
✔ 憤怒	☑	☑	☑	☑	☑
✔ 憂鬱	☑	☑	☑	☑	☑
✔ 興奮	☑	☑	☑	☑	☑
✔ 普普	☑	☑	☑	☑	☑

◉ 圖 10.4

在流程這邊的設定。我就變的非常地彈性。因為 Redmine 會保留所有變更紀錄，所以在設定流程時不需要過多限制，這樣可以讓流程設定更加靈活。

☑ 每日記錄篩選

◎ 圖 10.5

在新增完相關的紀錄後，我們可以通過篩選功能來檢視這些資料。這邊可以看到比較特別的是，我刻意選擇以「天」為單位來匯總心情記錄。因為心情是隨時可能變化的，不可能整天只用一個心情來總結。如果你想要更細緻地記錄，可以在每次心情變化時立即記錄下來。這樣，當你回顧一天的紀錄時，就能清楚看到哪些事情引發了你的情緒波動，幫助你更好地了解和管理自己的情緒。

10-2

收支帳務管理

📝 建置記帳專案

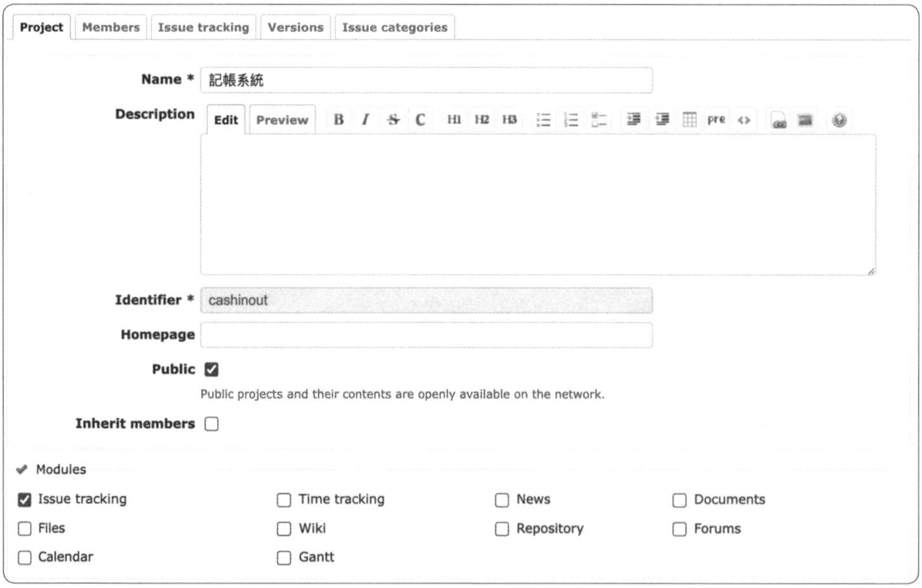

| Project | Members | Issue tracking | Versions | Issue categories |

Name * 記帳系統

Description Edit | Preview   B *I* S̶ C H1 H2 H3 ... pre <>

Identifier * cashinout

Homepage

Public ☑
Public projects and their contents are openly available on the network.

Inherit members ☐

✔ Modules
☑ Issue tracking   ☐ Time tracking   ☐ News   ☐ Documents
☐ Files   ☐ Wiki   ☐ Repository   ☐ Forums
☐ Calendar   ☐ Gantt

◎ 圖 10.6

關於我們的支出收入的紀錄，我打算使用議題登記去做紀錄，所以其他的功能其實我們並不會用到，我就不會進行開啟，只保留議題追蹤的功能。

☑ 自訂 Issue 欄位

Custom fields　　　　　　　　　　　　　　　　　　🌐 New custom field

Issues	Versions

Name	Format	Required	For all projects	Used by				
金額	Integer	✔		1 project	↕	📋 Copy	🗑 Delete
日期	Date	✔		1 project	↕	📋 Copy	🗑 Delete

◉ 圖 10.7

為了要能夠做支出登記，那最必要的就是一定要有金額，再來就是支出和收入的日期，所以我們在這邊自訂的 2 個欄位。

☑ 建置 Tracker：收入、支出

Trackers » 收入

Name *	收入
Default status *	Closed ⌄
Issues displayed in roadmap	☑
Description	

Standard fields
- ☐ Assignee
- ☑ Category
- ☑ Target version
- ☐ Parent task
- ☐ Start date
- ☐ Due date
- ☐ Estimated time
- ☐ % Done
- ☑ Description
- ☐ Priority

Custom fields
- ☑ 金額
- ☑ 日期

✔ Projects
☑ 記帳系統

◉ 圖 10.8

☑ 設定 Workflow

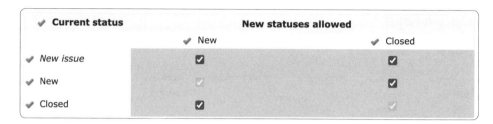

◎ 圖 10.9

在這裡的流程設定中，我沒有進行特別的客製化，而是直接使用了預設的流程，只保留了「New」和「Closed」兩個議題狀態。之所以選擇這兩個狀態，是因為在記帳時，我們有時會記錄未來的支出或收入，有時則是當下的交易。因此，我將「New」設為代表未來支出或收入的狀態，而「Closed」則表示已經確定並完成記帳的狀態。這樣，在後續進行議題篩選和分析時，也能更方便地進行分類和管理。

☑ 新增收支 Issue

◎ 圖 10.10

在新增收支議題時，金額欄位應如實填寫。如果是收入，請填寫正數；如果是支出，請填寫負數。這樣，在後續的議題統計中，才能顯示出更精確的金額數據。

☑ 收支總計

我們可以透過議題的篩選來進行收支的總計。

◎ 圖 10.11

這邊就是我們的篩選條件，首先我們的狀態我就是全選，那我們的議題類型也是全部都選擇，而在這邊我呈現的欄位特別只有篩選剩下日期、議題類型、標題跟金額，並且特別勾選要將金額了欄位進行統計。

	# ⌄	日期	Tracker		Subject	金額	
☑ Apply ⟳ Clear ✎ Edit custom query 🗑 Delete custom query						金額: 1950	
⌄ **New** 1 金額: **1000**							
☐	3	09/05/2024	收入		薪資	1000	•••
⌄ **Closed** 2 金額: **950**							
☐	2	08/06/2024	支出		午餐	-50	•••
☐	1	08/05/2024	收入		薪資	1000	•••
(1-3/3)							

◎ 圖 10.12

這個就是我們的篩選結果，可以看到它依照狀態去做分組，可以看到我們整體總金額跟分組的相關金額的加總都會呈現出來，是不是很神奇！竟然用 Redmine 做記帳呢！

📝 支出檢視標記

我們常說，除了記錄之外，回顧也是非常重要的。因此，我們可以將支出進行必要與非必要的分類。為了實現這一點，我們需要在議題中新增一個分類，來幫助我們更好地分析支出情況。

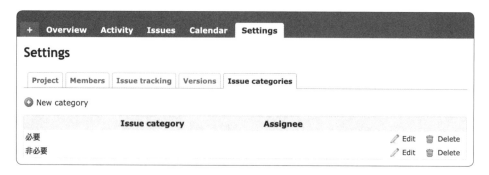

◎ 圖 10.13

這個時候我們就在這個專案的設定裡面去新增議題的分類，一個就是必要，一個就是非必要，後續就可以在議題裡面新增調整設定。

支出檢視　　　　　　　　　　　　　　　　　　　　⊕ New issue　•••

> Filters
> Options

✓ Apply　↻ Clear　✎ Edit custom query　🗑 Delete custom query　　　　　　金額: **-150**

☐	# ∨	日期	Tracker	Subject	金額	
∨ **必要** 🔢 金額: **-50**						
☐	2	08/06/2024	支出	午餐	-50	•••
∨ **非必要** 🔢 金額: **-100**						
☐	4	08/07/2024	支出	保溫杯	-100	•••

◎ 圖 10.14

當我在議題中新增支出項目後，後續還可以設定專門的支出篩選條件，只針對支出項目進行整理，並依據「必要」與「非必要」的分類進行分組。這樣，我們可以清楚地看到在非必要支出上花費了多少金額，從而更好地管理和控制預算。

10-3

閱讀安排與紀錄

☑ 新增專案

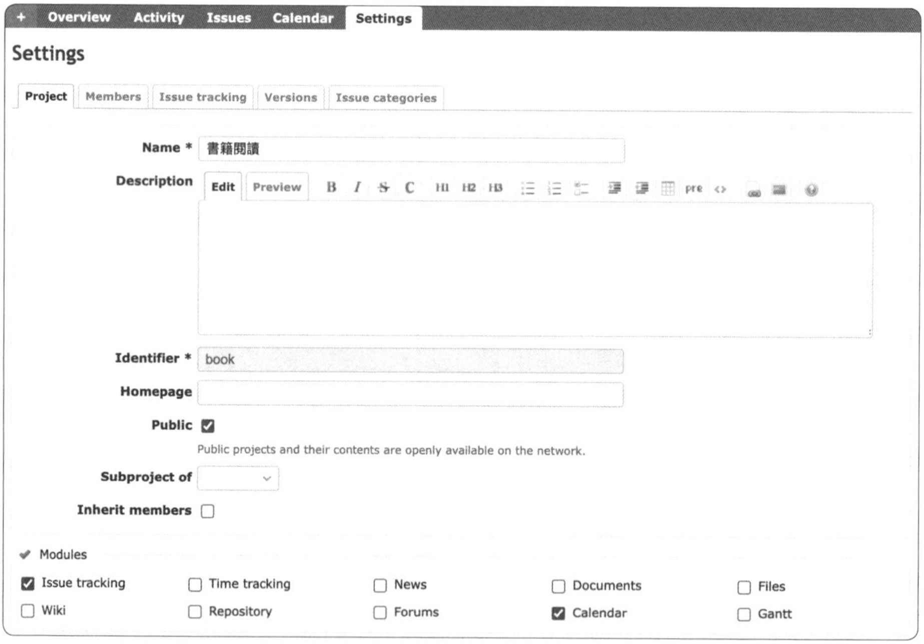

+ Overview Activity Issues Calendar **Settings**

Settings

Project Members Issue tracking Versions Issue categories

Name * 書籍閱讀

Description Edit Preview B I S C H1 H2 H3 ≔ ≔ ≔ ⊟ ⊟ ⊞ pre ⟨⟩ ▭ ▭ ⓘ

Identifier * book

Homepage

Public ☑
Public projects and their contents are openly available on the network.

Subproject of ▾

Inherit members ☐

✔ Modules

☑ Issue tracking ☐ Time tracking ☐ News ☐ Documents ☐ Files

☐ Wiki ☐ Repository ☐ Forums ☑ Calendar ☐ Gantt

◎ 圖 10.15

新增給閱讀記錄的專案，裡面最主要就是一體的追蹤，另外我還有選擇了日曆，是因為我想要看我自己對於這本書的安排是如何，所以我就開啟了日曆的功能。

新增 Version

◎ 圖 10.16

為了呈現我的每月閱讀目標計畫進度狀況，所以我在這邊也新增了一個 version，是 8 月閱讀目標。

新增自訂欄位

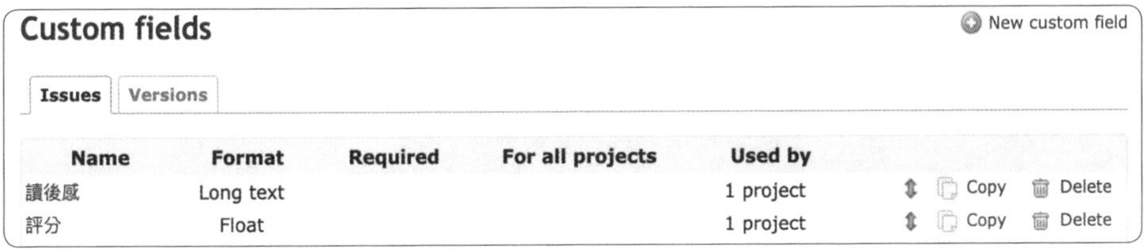

Name	Format	Required	For all projects	Used by				
讀後感	Long text			1 project	↕	Copy		Delete
評分	Float			1 project	↕	Copy		Delete

◎ 圖 10.17

在這裡可以看到，我的「讀後感」欄位選用了長文字格式，因為通常讀後感的內容都比較豐富，不會只是一小段文字，所以選擇了長文字來記錄。而在評分的部分，我選擇了浮點數格式，而非整數，原因是有時候我們的評分會出現 0.5 的情況，比如 1.5、2.5、3.5 等等。在這種情況下，浮點數格式比整數更靈活，能夠更精確地表達我們的評分。

✏️ 自訂 Tracker

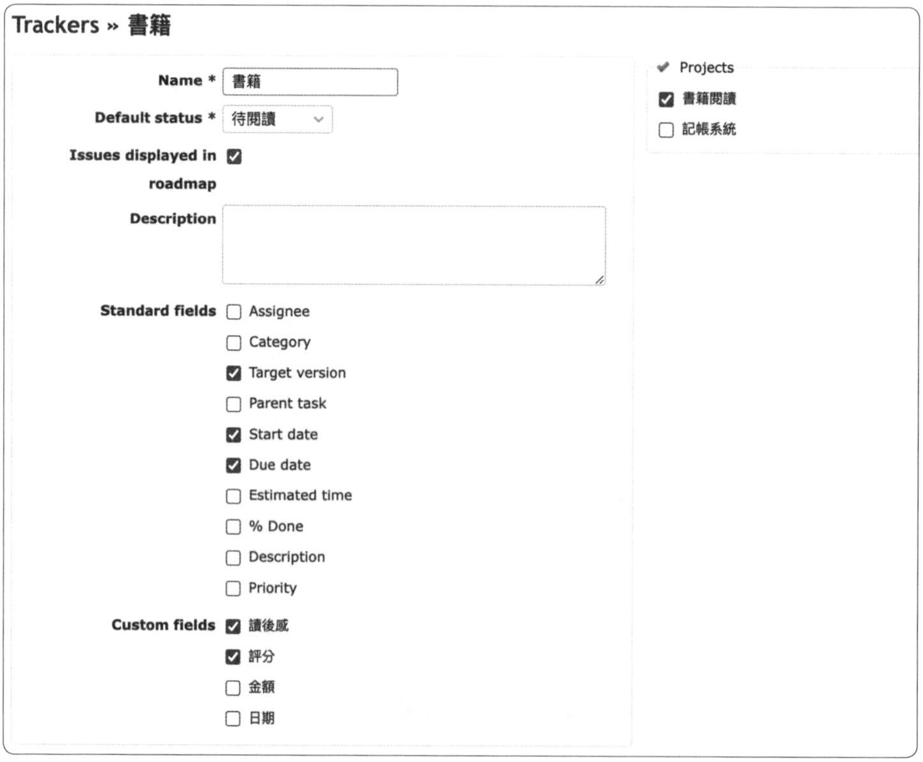

Trackers » 書籍

Name * [書籍]

Default status * [待閱讀 ▾]

Issues displayed in roadmap ☑

Description [   ]

Standard fields
- ☐ Assignee
- ☐ Category
- ☑ Target version
- ☐ Parent task
- ☑ Start date
- ☑ Due date
- ☐ Estimated time
- ☐ % Done
- ☐ Description
- ☐ Priority

Custom fields
- ☑ 讀後感
- ☑ 評分
- ☐ 金額
- ☐ 日期

✔ Projects
- ☑ 書籍閱讀
- ☐ 記帳系統

◎ 圖 10.18

我新增了一個「書籍」的議題類型，主要是它也的確需要有一些它自訂的欄位，就如前面提到的，當我閱讀完成我想要進行評分與填寫心得，所以自訂欄位放到這個自訂議題中。

☑ Workflow 設定

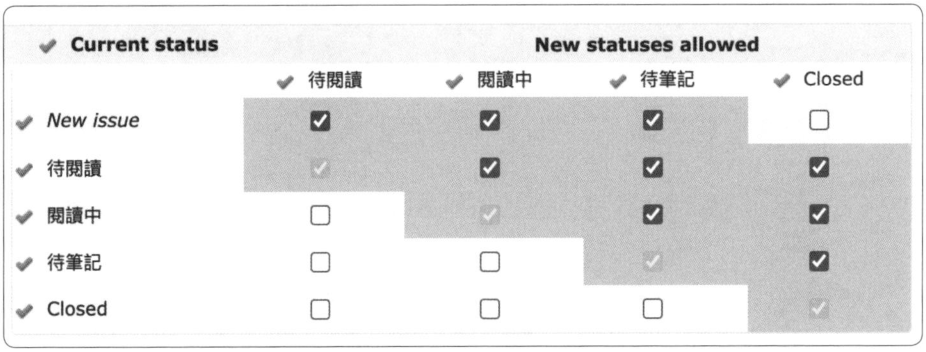

✔ Current status	New statuses allowed			
	✔ 待閱讀	✔ 閱讀中	✔ 待筆記	✔ Closed
✔ *New issue*	☑	☑	☑	☐
✔ 待閱讀	☑	☑	☑	☑
✔ 閱讀中	☐	☑	☑	☑
✔ 待筆記	☐	☐	☑	☑
✔ Closed	☐	☐	☐	☑

◎ 圖 10.19

這個流程設定其實並沒有特別複雜，只是非常基本的閱讀流程。從開始閱讀，到進行筆記，最後到完成整本書的筆記後關閉議題。我設想的情況是這個流程應該是可以靈活調整的。除了在議題剛建立時不應該關閉之外（因為那時候可能還沒有開始做筆記），後續任何階段都可以根據實際進度提早進入最終狀態。如果你閱讀速度較快，並且筆記也已經完成，那麼你可以直接將議題狀態設為「完成」，這樣可以更高效地管理你的閱讀進度。

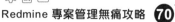

📝 閱讀議題篩選瀏覽

◎ 圖 10.20

在這裡，我特意將「讀後感」這個欄位設定為議題篩選的呈現條件。這樣做的好處是，如果你想快速瀏覽幾本書的讀後心得，便可以直接在篩選結果中看到，而不需要逐一點進每個議題中檢視，這樣能節省不少時間。Redmine 的議題篩選功能非常靈活，你可以根據不同的需求設定多種條件，這樣就能輕鬆地檢視和管理你的閱讀記錄或其他任務。

☑️ 閱讀進度安排

◎ 圖 10.21

因為我在書本的開始跟截止日期都有清楚填入，所以在月曆上面你就可以看到很清楚每一本書籍設定的開始跟結束日期。那也可以看到我們的 Version 閱讀目標的部分，只要有設定截止日期，就也會被呈現在日曆上面。

📝 閱讀目標 Roadmap

◎ 圖 10.22

這次我們使用 Redmine 的版本（Version）功能來設定每月的目標。例如，在閱讀紀錄這部分，我將其設定為「8 月的閱讀目標」。事實上，Redmine 的路線圖（Roadmap）功能應用範圍非常廣泛，你可以將它用來設定各種里程碑。無論是每月、每季度，還是針對不同專案的長期目標，都可以透過專案版本來靈活調整和管理。這樣一來，路線圖功能不僅僅限於專案管理，還能為各種目標設定提供清晰的進度追蹤工具。

後記

當你翻到這裡，表示我們的 Redmine 旅程暫時告一段落了。

在撰寫過程中，我也重新審視了許多專案管理的各種執行小細節，只能說每一個流程背後，都蘊藏著讓工作更簡單的方法；而在寫完這本書，我更深感每一段學習的過程，都是一段成長的旅程。

從最初接觸 Redmine 到今天能夠將它的各種功能完整呈現在書中，我也經歷了無數次的試錯和摸索，相信這本書有達到讓你少走彎路、能夠更快掌握 Redmine 的實用技巧。

這本書的目的不僅是讓你了解 Redmine 的基礎和進階功能，更希望你能在每一次專案管理中靈活運用，為你的工作流程提升效率。在未來使用過程中，相信一定可能會遇到其他各種新問題，可以隨時回頭翻閱、運用大補帖，或是透過表單來提出你的新疑問唷！

最後，感謝你選擇這本書作為你的 Redmine 學習夥伴，願你在每個專案中都能運用所學，做出更好的決策，帶領團隊成功邁向目標！

MEMO

博碩文化

博碩文化